室内快题设计

表现方法与案例评析

高杰 编著

编委：杨艳 安然 高雪聪

華中科技大學出版社
http://www.hustp.com
中国·武汉

图书在版编目（CIP）数据

室内快题设计表现方法与案例评析 / 高杰编著. －武汉 ：华中科技大学出版社， 2022.10（2024.2重印）
ISBN 978-7-5680-8370-6

Ⅰ.①室… Ⅱ. ①高… Ⅲ. ①室内装饰设计 Ⅳ.①TU238

中国版本图书馆CIP数据核字（2022）第111042号

室内快题设计表现方法与案例评析 高杰 编著
SHINEI KUAITI SHEJI BIAOXIAN FANGFA YU ANLI PINGXI

出版发行：华中科技大学出版社（中国 · 武汉） 电话：（027）81321913
武汉市东湖新技术开发区华工科技园 邮编： 430223

策划编辑：彭霞霞 责任监印：朱 玢
责任编辑：彭霞霞 封面设计：大金金
录 排：张 靖

印 刷：武汉精一佳印刷有限公司
开 本：889 mm × 1194 mm 1/16
印 张：10.75
字 数：103千字
版 次：2024年2月第1版第2次印刷
定 价：79.80元

前 言

闲庭信笔 拙匠筑心

随着科技的高速发展，越来越多的室内设计从业者追求电脑效果图的特效，却很少重视手绘的训练，殊不知电脑制图和手绘作为设计者的必备技能，缺一不可。一名优秀的设计者不仅应具备手绘能力，同时还要熟练地使用效果图制作软件。平时教学中绝大部分学生会问："手绘有用吗？"我们会明确地告诉学生："手绘非常有用，它是我们设计生涯中必不可少的一项技能，更是设计者重要的思维方式和创意创作过程的体现形式。"

近些年，艺术类考研人数直线上升，快题设计成为大多数院校必考的一门专业课，其重要程度不言而喻。我们将多年教学经验进行总结，编著此书。我们相信天道酬勤，一分耕耘一分收获；我们也相信方向有时比努力更重要。希望有我们的陪伴，走在考研路上的你能够更加坦然。

更希望读者可以怀有匠人之心，以梦为马，不负韶华。

目 录

01

室内设计手绘
快速表现基础

Day 1

1.1 对手绘快速表现的基本认识

1.1.1 手绘的重要性

作为一名优秀的设计者，应该具备手绘快速表现的能力，特别是在初始设计阶段，通过手绘快速记录头脑中稍纵即逝的创意与灵感，再经过不断的推敲，进一步深化设计。梁思成先生曾说过“设计首先是用手绘草图的形式将方案表现出来”，这是传递设计者形象思维过程的一种专业性语言。

1956 年，丹麦 37 岁的年轻建筑设计师约恩・乌松看到了澳大利亚政府向海外征集悉尼歌剧院设计方案的广告，他当时对遥远的悉尼一无所知，设计过程也磕磕绊绊。但是凭借从小生活在海滨渔村的经验积累所得到的灵感，在对设计方案一筹莫展时，他突然间看到切开的橘子瓣，并且下意识地联想到悉尼港的风景，于是赶紧随手绘制了一张草图，这张草图最终结合地理位置、海洋文化，造就了著名的悉尼歌剧院。在完成这个设计方案后，他解释道，他的设计理念既非风帆，也不是贝壳，而是切开的橘子瓣，但是他对前两个比喻也非常满意。当他寄出自己的设计方案时，他并没有想到，又一个“安徒生童话”将要在异域的南半球上演。

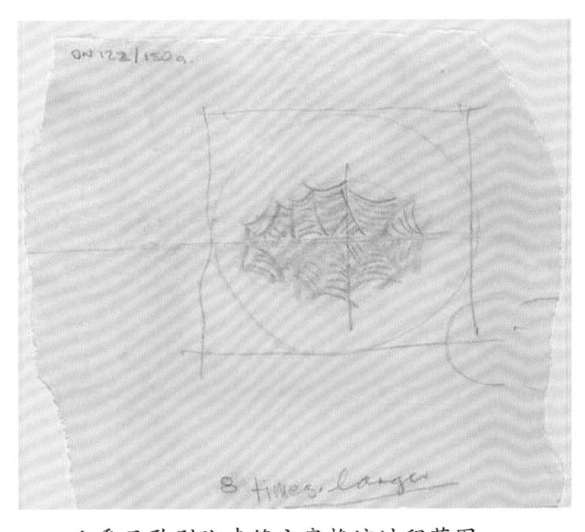

◆悉尼歌剧院建筑方案推演过程草图

◆悉尼歌剧院建筑方案推演过程草图

1957 年 1 月 29 日，悉尼新南威尔士州美术馆大厅里，记者云集，评委会庄严宣布：约恩·乌松的方案击败 231 个竞争对手，成功中标。设计方案一经公布，人们都为其独具匠心的构思和超俗脱群的设计而折服。但是，谁又曾知道，约恩·乌松的方案最初遭到了淘汰，被大多数评委否定而出局。后来评选团专家之一，芬兰籍美国建筑师埃罗·沙里宁来悉尼后，提出要看所有的方案，它才从废纸堆中被翻出。埃罗·沙里宁看到这个方案后，立刻欣喜若狂，并力排众议，在评委间进行了积极有效的游说工作，最终确立了其优胜地位。由此可见，脑中闪现的创意，结合手绘草图可以造就著名的建筑。

◆悉尼歌剧院建筑方案草图

◆悉尼歌剧院建筑方案图

◆悉尼歌剧院建筑方案图

1.1.2　手绘的表现形式

黑白线稿表现

线稿像房子的地基一样，线稿画得到位，着色表现才能顺利进行，所以线稿是必不可少的，而着色则是锦上添花。线稿是设计者的常用手段，假设这样一个场景：在与甲方客户探讨方案的时候，对方可能都是非专业人士，当我们有很好的创意想去表现的时候，单纯使用语言肯定不行，因为对方不可能完全理解，这样就产生了交流障碍。如果我们现场拿起画笔，寥寥数笔，分秒之间勾勒出设计创意，这样对方一眼可能就明白了。绘制线条时，应尽量做到流畅、干练，所以需要长时间练习。

马克笔表现

马克笔是设计手绘中最为重要的工具，马克笔颜料明亮、透明，材质为酒精和二甲苯，色彩容易附着于纸面，颜色可以进行多次叠加。

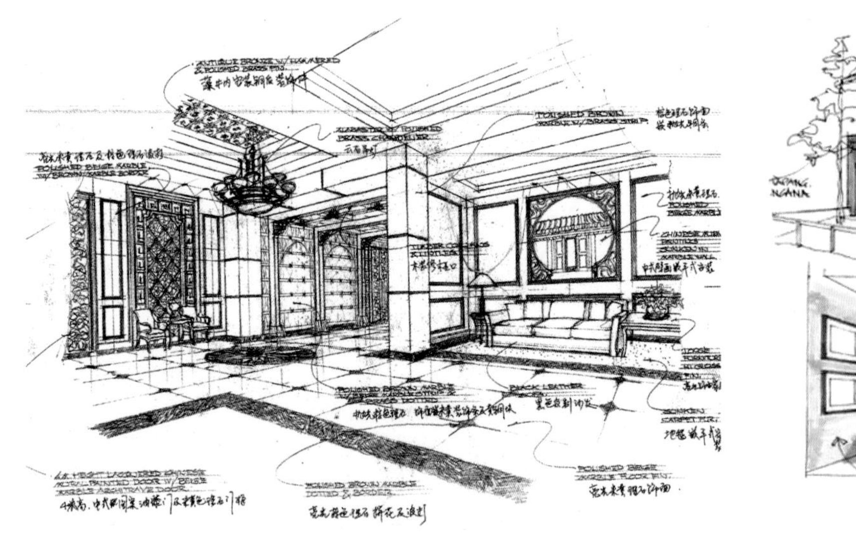

◆黑白线稿表现

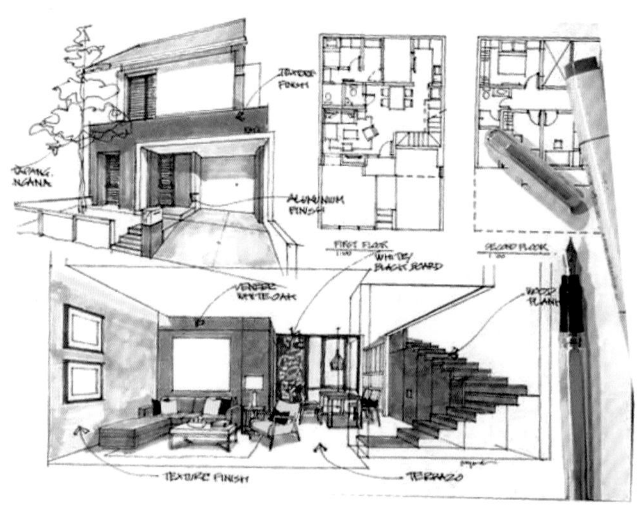

◆马克笔表现

彩色铅笔表现

在手绘表现中，彩色铅笔一般辅助马克笔使用，建议使用笔芯硬度强、色彩浓度高的彩色铅笔，这种彩色铅笔的颜色可自由叠加，并混合其他不同的色彩表现形式。使用时应注重笔触排线的方向与疏密关系，体现出色彩叠加的丰富度。彩色铅笔可以单独使用，也可以与淡彩结合，既有渲染的效果又有线条的挺括感，表现效果独具特色。彩色铅笔具有使用方便，技法易于掌握，画面效果整体，绘制速度较快，空间关系表现丰富，色彩细腻等优点。

水彩表现

水彩颜料溶于水后可以表现出丰富的色彩，质感细腻，以其实用性为设计者所用，水彩的材质特点非常适合设计手绘的快速表现。

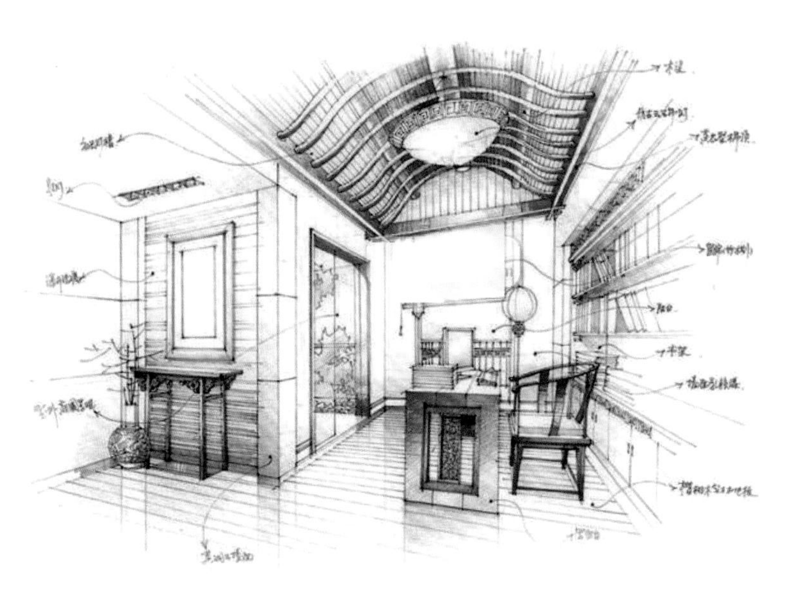

◆彩色铅笔表现

◆ 水彩表现

1.2 手绘工具介绍

笔类

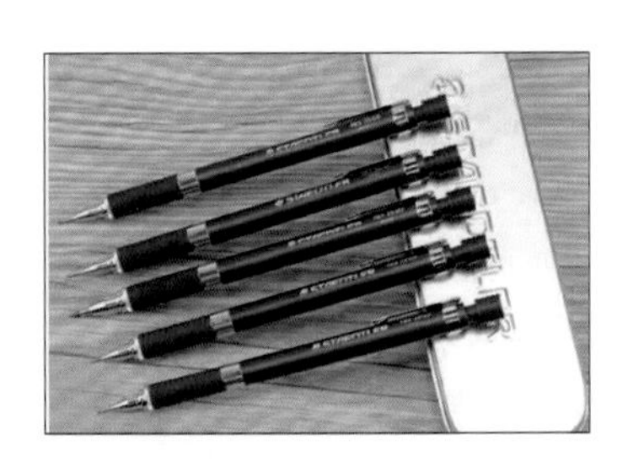

自动铅笔（必备）

普通铅笔笔芯较粗，容易弄脏画面，不好擦拭，而自动铅笔则避免了这个问题。自动铅笔比普通铅笔使用方便，绘制的线条清晰、细腻，所以在起稿阶段，我们应尽量使用自动铅笔。自动铅笔是学习手绘必备的工具之一。

德国辉柏嘉彩色铅笔（必备）

辉柏嘉彩色铅笔（以下简称“彩铅”）分为红盒、蓝盒及绿盒三种系列，其中每个系列有 12 色、24 色、36 色、72 色及 120 色等。

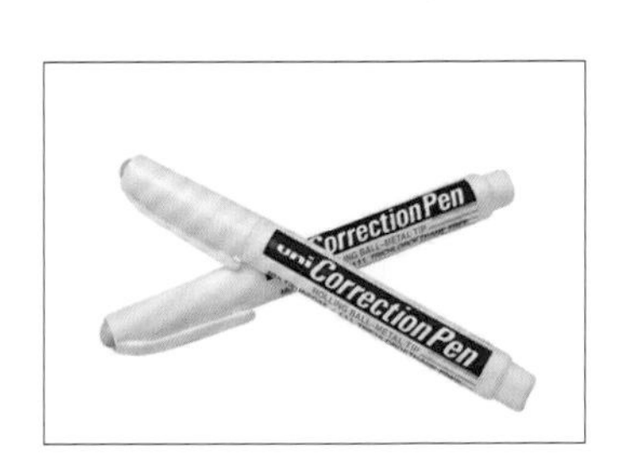

高光液（必备）

高光液一般需要按压使用，按压力度不同，出水量也不同。高光液一般用于植物或布艺物体亮面的点缀。

英雄 8012 小双头记号笔（必备）

小双头记号笔被广大设计者称为草图笔，顾名思义，它常用来画草图、推敲方案。小双头记号笔有很多品牌，价格便宜。英雄 8012 小双头记号笔一头粗一头细，运笔流畅，绘制后墨水快干，深受设计者的喜爱。

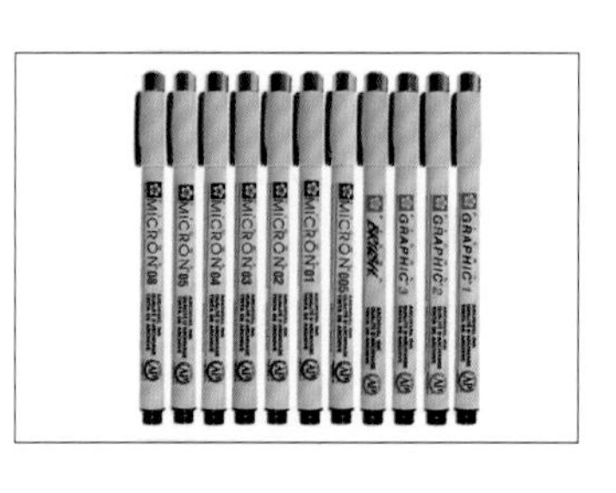

樱花绘图针管笔

樱花绘图针管笔重量轻，方便携带，手感较好。无需填充墨水，为一次性针管笔。墨水流量充沛，一般可以连续作画 800~900 米的距离。即使掉落在地上，也不会造成笔头损坏，笔头不容易内缩。在设计制图的过程中至少应备有细、中、粗三种不同规格的樱花绘图针管笔。樱花绘图针管笔单价略贵，不太适合初学者。

白雪 PVR-155 直液式走珠笔

（必备）

白雪 PVR-155 直液式走珠笔的笔头为针管式，笔身带有一个小窗口，可以通过小窗口观察墨水的容量。墨色均匀，线条光滑，粗细变化明显，绘图时线条不会断，比晨光会议笔更加耐用，基本不会坏，所以它是一款非常合适的手绘工具。

晨光会议笔

晨光会议笔又称小红头，弹性笔尖，外形精致美观，贴心笔杆设计，长时间握笔不累，书写感舒适，是常用的手绘工具之一。其价格合理，非常适合初学者使用，但是使用时间久了会出现断线、笔头内缩的状况。

Chartpak AD 马克笔

Chartpak AD 马克笔是目前马克笔表现效果最好的一款，揉色效果非常好，适合大面积使用，但是有很浓重的汽油味，对人体伤害很大，美国三福马克笔也有这个缺点。Chartpak AD 马克笔属于油性马克笔，单头能画出很多不同的笔触，价格较贵，不太适合初学者使用。

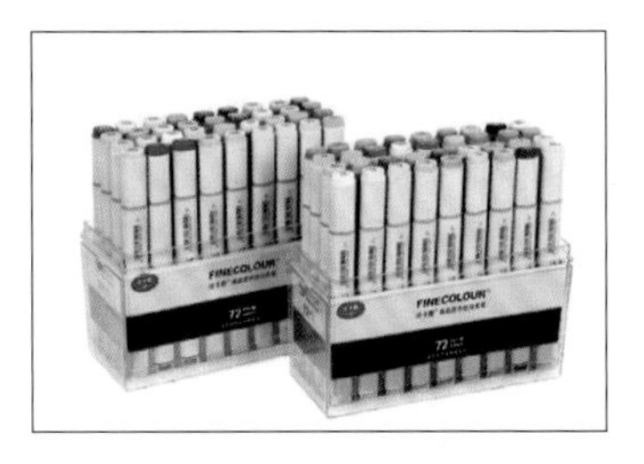

法卡勒马克笔一代

法卡勒马克笔一代使用酒精性快干墨水，上色容易，着色均匀，可以通过扁方和细圆两种笔尖绘制多种线宽的笔迹，使用方便，出墨流畅，椭圆形的笔杆握着舒适，可以确保长时间使用不疲劳。

STA 斯塔双头马克笔

STA 斯塔双头马克笔市场保有量较大，整体笔的造型较粗，颜色鲜艳，出水流畅，价格比法卡勒马克笔一代便宜。

纸类

草图纸

草图纸是拷贝纸，具有较高的物理强度，以及优良的均匀度和透明度，其表面细腻、平整、光滑、无泡泡纱。在设计创作阶段，草图纸是必不可少的，它是设计者常用的一种材料，有白色和黄色两种颜色，成卷包装，可以随意剪裁，非常方便。

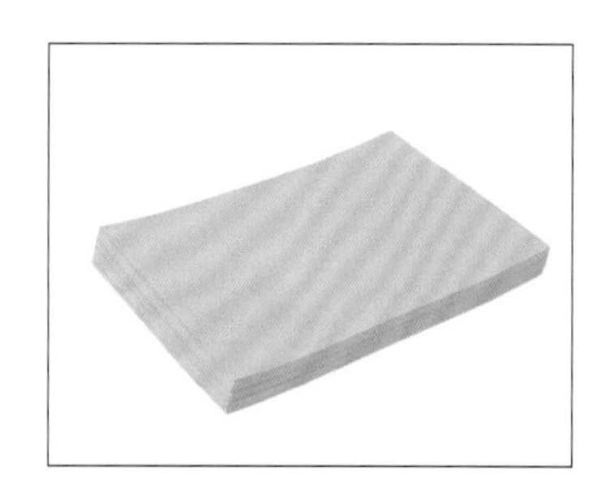

A3 复印纸（必备）

初期练习手绘时，使用最多的纸张是复印纸，常用的型号是 A3。根据纸张厚度，复印纸类型分为 70 克、80 克、90 克，等等。复印纸用途广泛，价格低廉，非常适合练习手绘时使用。

绘图纸

绘图纸是指用来绘制工程图、机械图、地形图等的纸。其质地较厚，紧密而强韧，半透，无光泽，尘埃度小，具有优良的耐擦性、耐磨性、耐折性，适用于铅笔、墨汁笔等。绘图纸可以长时间保存，价格低廉，适合画方案图、快题等，型号主要有 A1、A2、A3 等。

速写本

速写本是用来进行速写创作和练习的专用本。一般分为正方形和长方形，开数大小不一，长方形速写本以十六开、八开、四开尺寸居多。速写纸纸张较厚，纸品较好，多为活页，以方便作画。可以横翻，也可以竖翻。相较于单张纸夹，速写本更容易保存和携带，深受广大美术者喜爱。也适用于学生记笔记，还可以夹便签纸、明信片等。

硫酸纸

硫酸纸，又称制版硫酸转印纸，主要用于印刷制版业，具有纸质纯净、强度高、透明度高、不变形、耐晒、耐高温、抗老化等特点。硫酸纸比草图纸更透明，质量更好，表面特别光滑，所以建议使用针管笔、绘图笔等，以免在硫酸纸上绘图时弄脏画面。

工具类

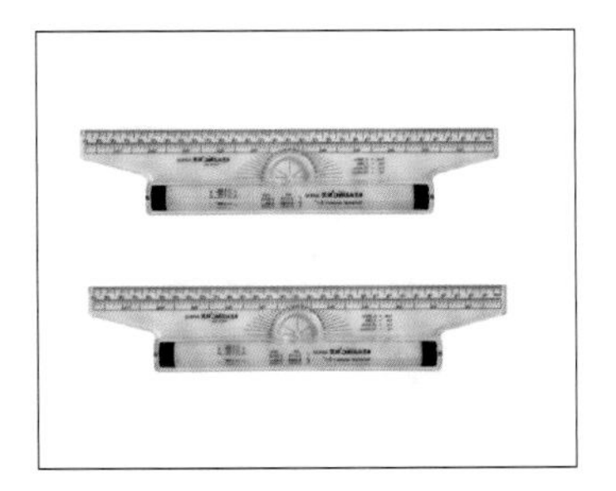

平行尺（必备）

平行尺是做室内设计、平面设计，甚至画工程图的常用工具。市面上平行尺种类繁多，推荐使用滚动平行尺，其功能、精度和使用顺畅程度都比较好，而且物美价廉。滚动平行尺的特征是在绘图尺上安装使绘图尺平行移动的滚动装置，滚动装置可以是滚轮、滚珠或滚动杠。滚动装置可以使尺子作平行移动，因而能方便、快捷地画出平行线。利用滚动装置可以使尺面与纸面作滚动摩擦，以避免尺面与纸面的滑动摩擦，保持画面整洁。

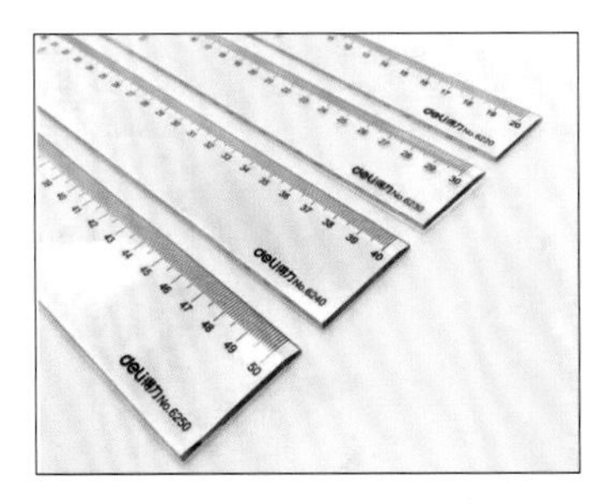

直尺

直尺基本上是所有设计者都会常备的工具，一般选用30cm长度的直尺。如果经常画快题或者绘制篇幅较大的图纸，可以再准备一个稍长的直尺。

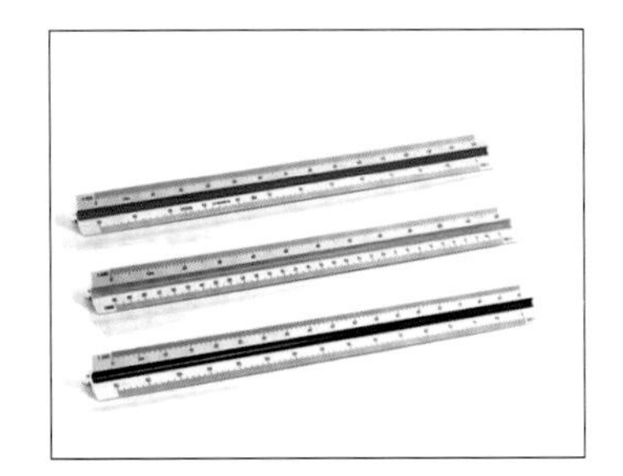

棱形比例尺

棱形比例尺在手绘设计中常用，刻度清晰，采用红、黄、绿三种颜色来区分不同的面和不同的比例，方便使用。

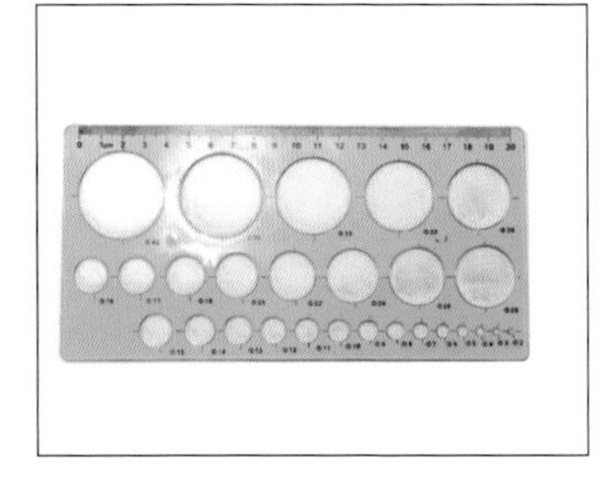

画圆模板尺（必备）

圆规太笨重，不方便携带，而画圆模板尺可以画出一些常用的圆形，方便、实用，可以提高绘图效率。在室内设计平面图表现中，画圆模板尺的运用是比较频繁的，一般用来画指北针及平面植物，比如乔木等。

收纳类

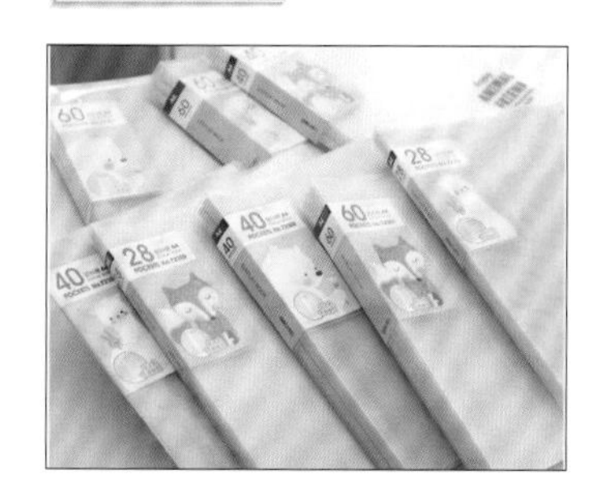

资料册（必备）

经过一段时间的手绘学习后，会不知不觉地积累很多手绘图纸。使用资料册可以对图纸进行收纳，将图纸放进资料册的每个内页里，可以更好地保护图纸，避免其受潮和折损。市面上有A3、A4等规格的资料册，可以根据图纸类型选择相应的规格，推荐选择内页较多的资料册。

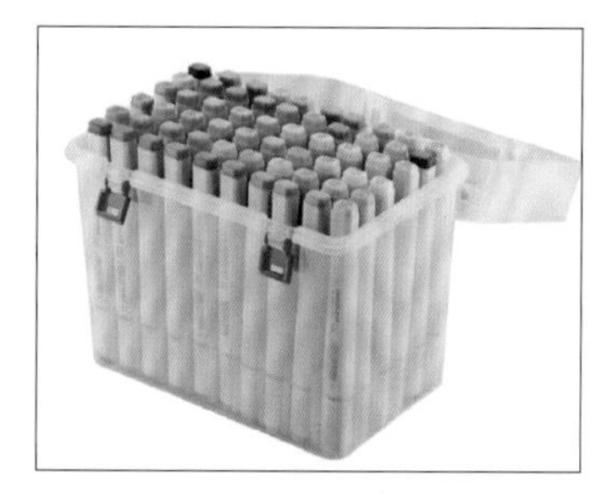

马克笔收纳盒

购买马克笔时赠送的黑色布袋较软，无法起到支撑作用，马克笔也不容易归类。使用马克笔收纳盒可以整体地排列马克笔，并将马克笔进行分类，而且还能随身携带。

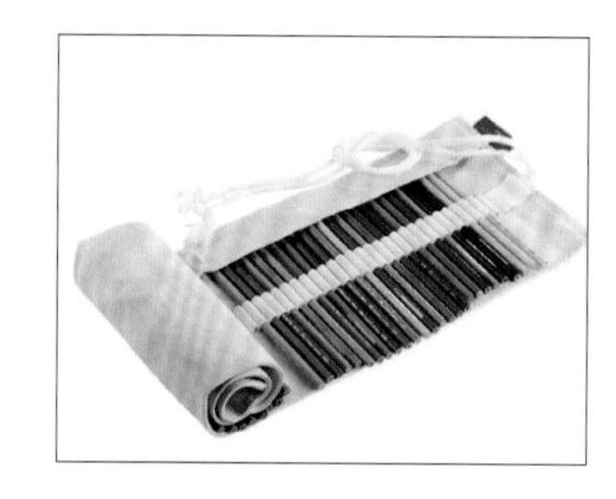

彩铅笔帘

普通的彩铅包装是纸盒的，容易破损。彩铅笔帘可以放置彩铅、自动铅笔、勾线笔，以及手绘用到的所有笔，放置笔后可以卷起来，不占用空间，非常方便。

02

手绘线条详解

Day
2

2.1 线条的重要性

在手绘效果图中，线稿起到了非常重要的作用，而线稿是由线条组成的，所以线条决定了手绘效果图的质量。可以将线条理解为建筑的地基，熟练地运用线条是每一个设计者必须掌握的基本技能，每一根线条效果都体现了设计者的功力。线条看似简单，其实变化万千，快速表现主要是为了强调线的美感。无论是小的单体，还是大的空间，线条的疏密、曲直、虚实、轻重，运笔的急缓变化都会形成不同的画面氛围。想要画出线条的美感，画出线条的生命力，需要做大量的练习，接下来就不同的线条进行详细讲解。

2.2 线条表现技法

2.2.1 直线

直线在手绘表现中最为常见，也是最基础的表现方式，大多数形体都是由直线构筑而成的。因此，掌握直线表现技法很重要。直线讲究自然流畅、刚劲挺拔，所以画出来的线条要直，并且要干脆利落、富有力度。练习时可以从短到长逐渐增加线条的长度和画线的速度，循序渐进，就能逐步提高徒手画线的能力，画出既活泼又直的线条。

绘制快直线时要有起笔和收笔，在这个过程中会形成自然的顿挫。中间部分匀速运线，运笔果断、有力，注意整体的方向和水平。收笔时也会出现自然的顿挫，会出现“两头重、中间轻”的效果。一切以自然放松为主，不要刻意强调顿挫。

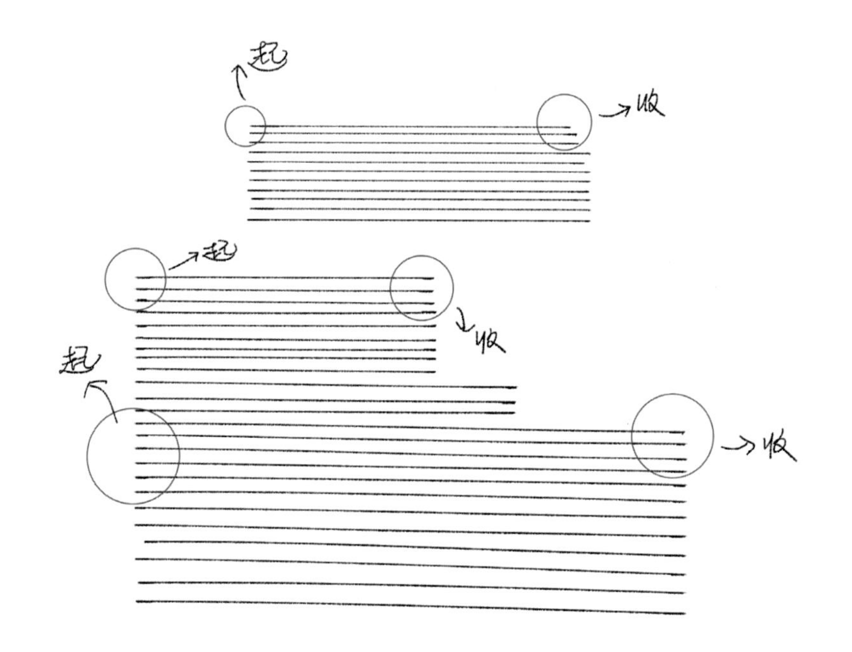

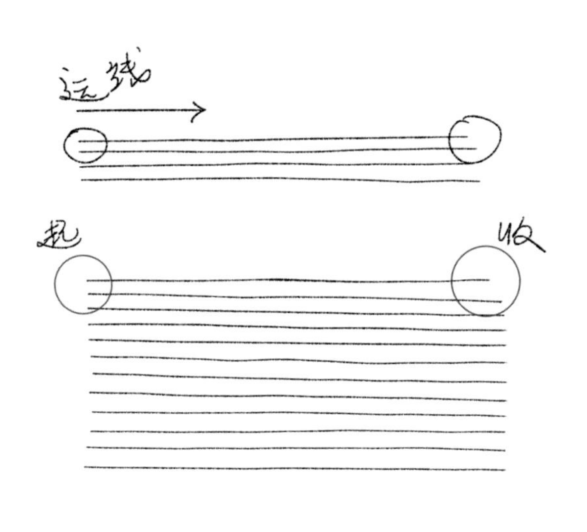

线条流畅

错因：线条不肯定

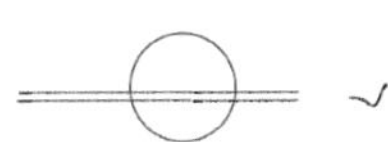

分段画长线条

错因：线条衔接不自然

线条间距均匀

错因：线条间距不均匀

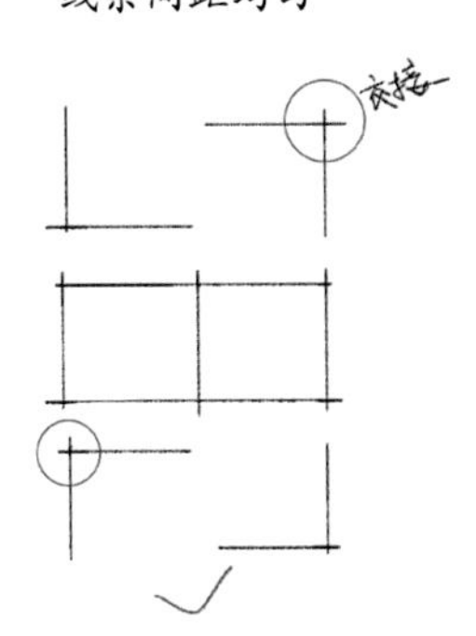

正确的相交方式

相交太远或过于死板

绘制慢直线时应注意保持手腕的水平，起笔和收笔的顿挫不如快直线明显，因为运笔速度较慢，所以会出现上下波动，应尽量把波动控制在一定范围内。慢直线多用于草图方案阶段，适合绘制比较长的线条。虽然慢直线不如快直线有力度，但是非常平稳，不易出错。

竖直线给人一种庄重、挺拔的感觉，和快直线相似，应注意起笔和收笔的顿挫。

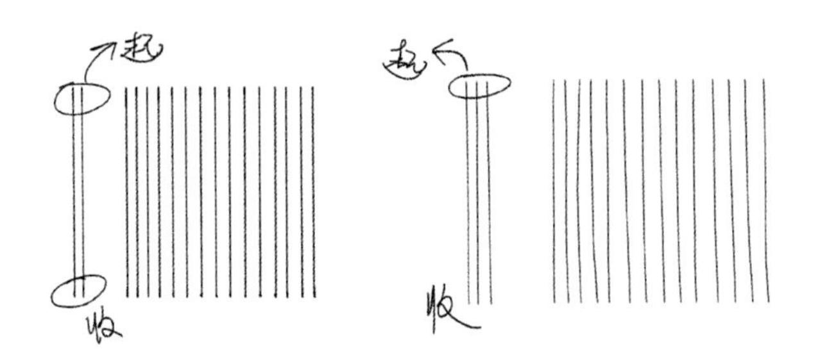

过点画线可以有目的地练习画线的稳定性，在间距和长短上都可以着重训练，达到美观的效果。注意从第一个点开始出发的时候，目光要比笔尖先到达第二个点上，这样反复练习几遍就能找到画好线条的感觉。

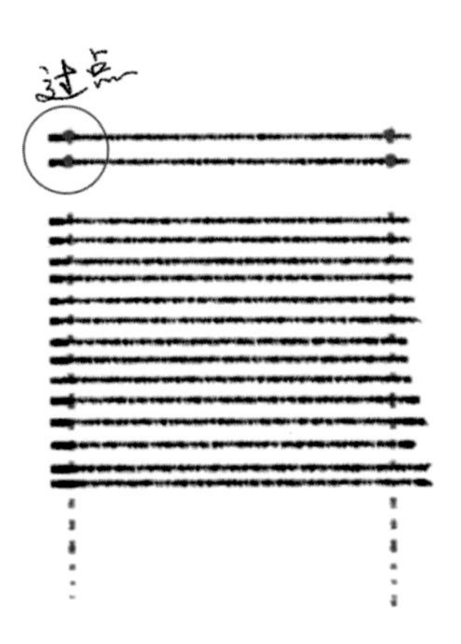

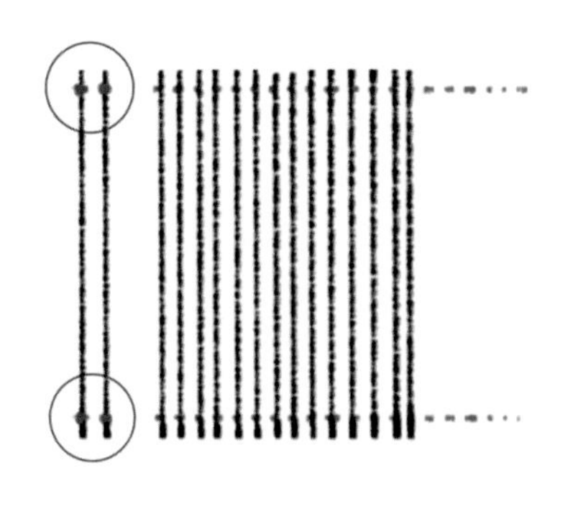

练习

◆斜直线给人一种空间的变化、创意和活泼的感觉

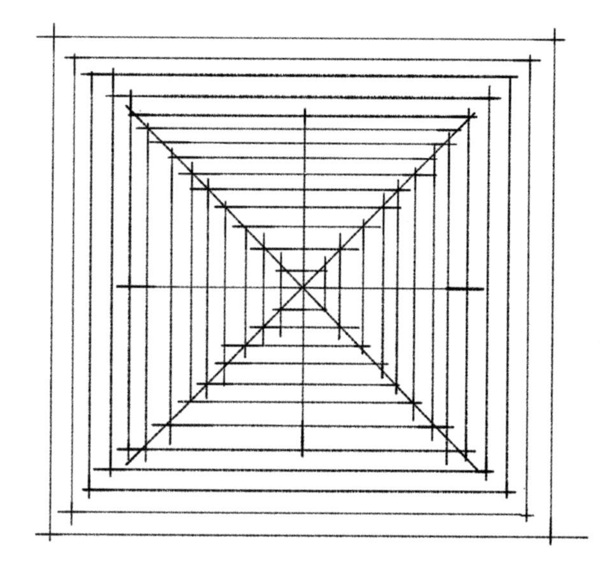

◆交叉练习可以训练相交线的处理

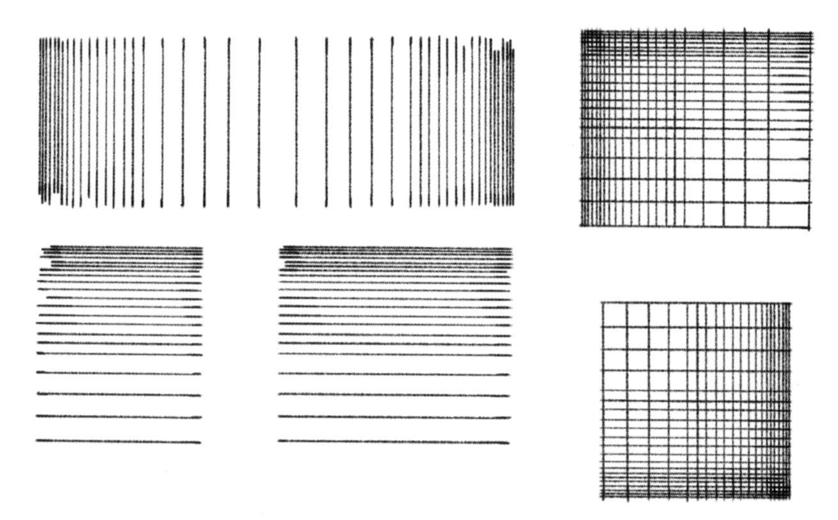

◆绘制渐变线条可以训练控制间距的能力

2.2.2 抖线

抖线是绘制线条的另一种方式，是丰富画面的另一种手段。抖线相对来说比较容易掌握，在构图、透视、比例正确的情况下，抖线可以表现出非常好的效果。

抖线的运笔速度一般比较慢，沿着一条中心线上下或者左右小幅度摆动，形成小波浪的效果，适合画比较长的线条。

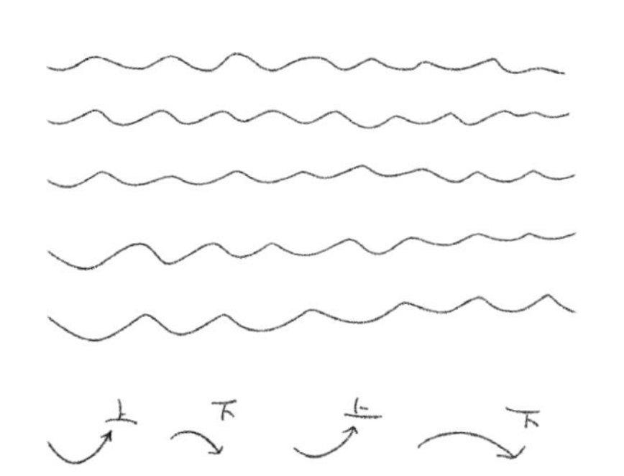

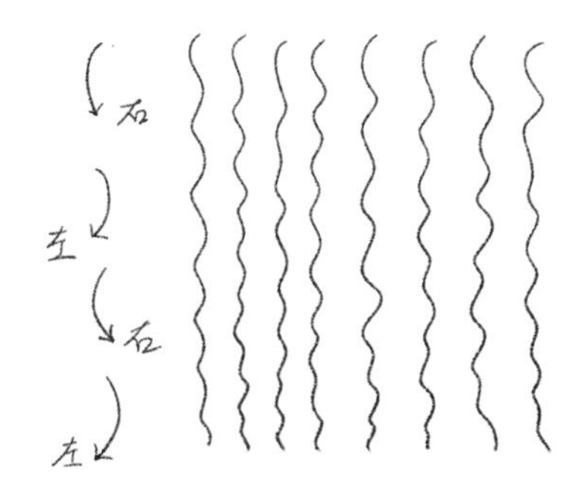

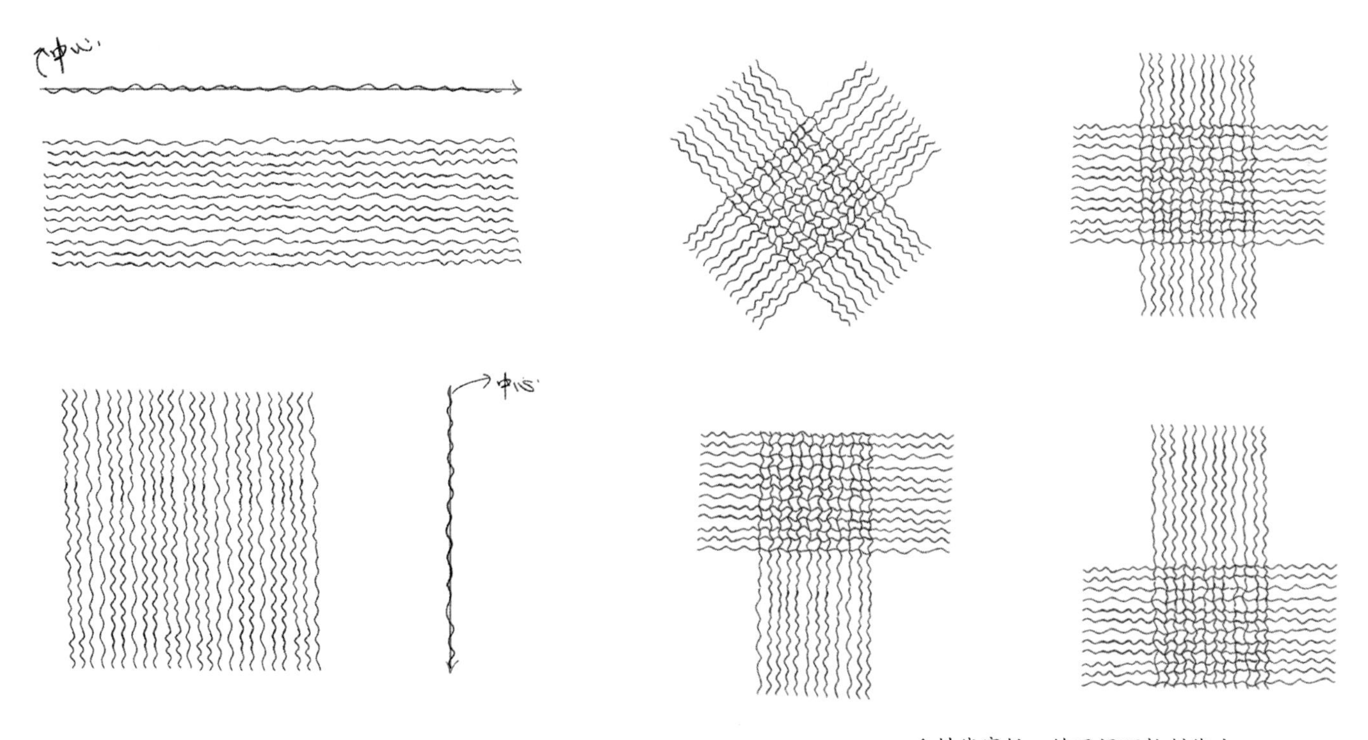

◆抖线穿插，练习间距控制能力

2.2.3　曲线

曲线（也称弧线）在室内手绘表现中运用广泛，绘制曲线时应注意线条的流畅度和圆滑度。曲线给人一种柔和、轻巧、运动的感觉，在处理曲面建筑和软装设计时尤为突出。较短的曲线可以徒手绘制，绘制特别长的曲线时可以借助曲线板等工具。

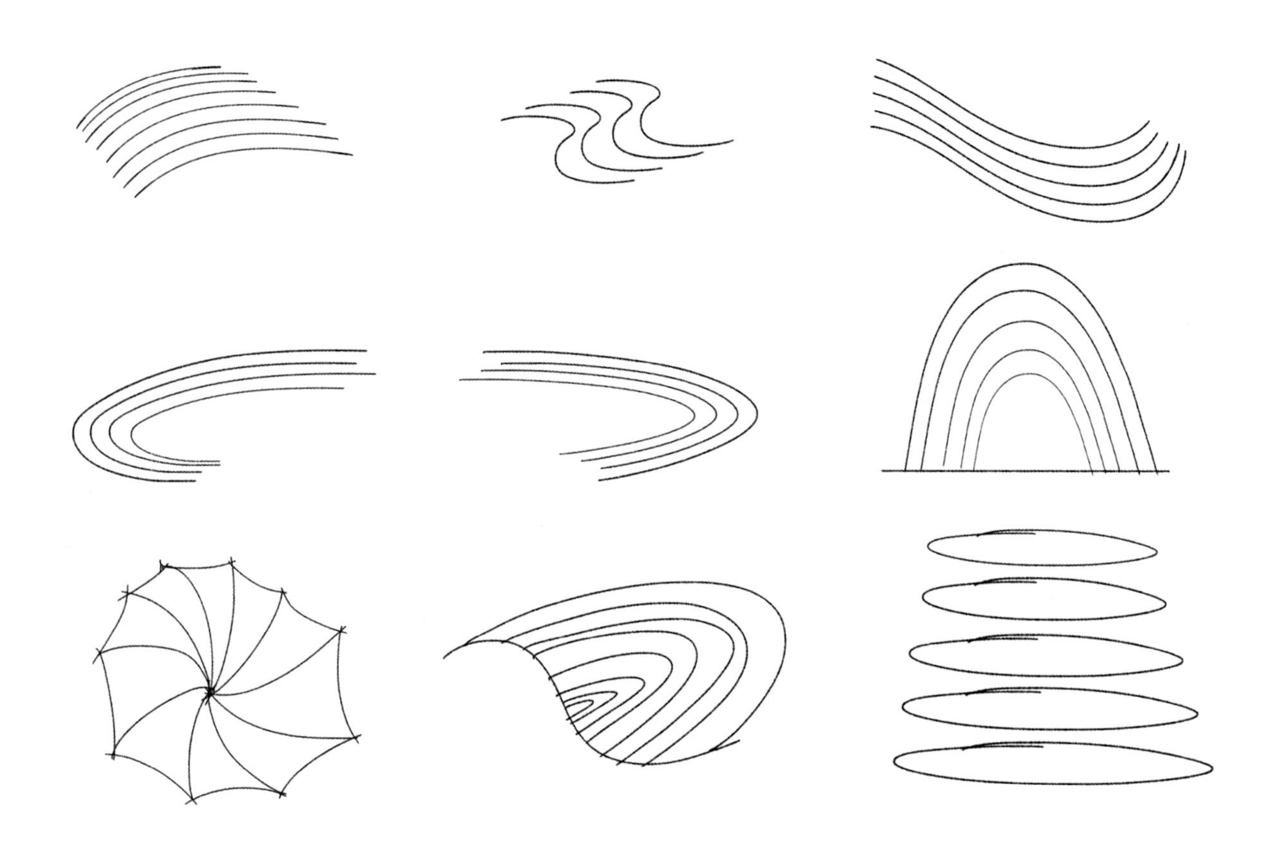

曲线的画法不容易掌握，下笔之前一定要做到心中有数，以免勾勒不到位，破坏整体感觉。前期训练以短曲线为主，曲线绘制时需要注意以下三点：

（1）尽量放松手腕，使线条流畅。

（2）大胆下笔，不要犹豫，确保线条流畅。

（3）不要刻意、反复去描，否则会使本来飘逸的曲线显得笨重。

2.2.4 不规则线

不规则线相对无序、无组织性，一般用来表现花草、植物外形、石材等，需要加强练习。不规则线样式多变，在画不同的不规则线时要注意每种线条的独有特点，干脆、圆滑、飘逸，等等。

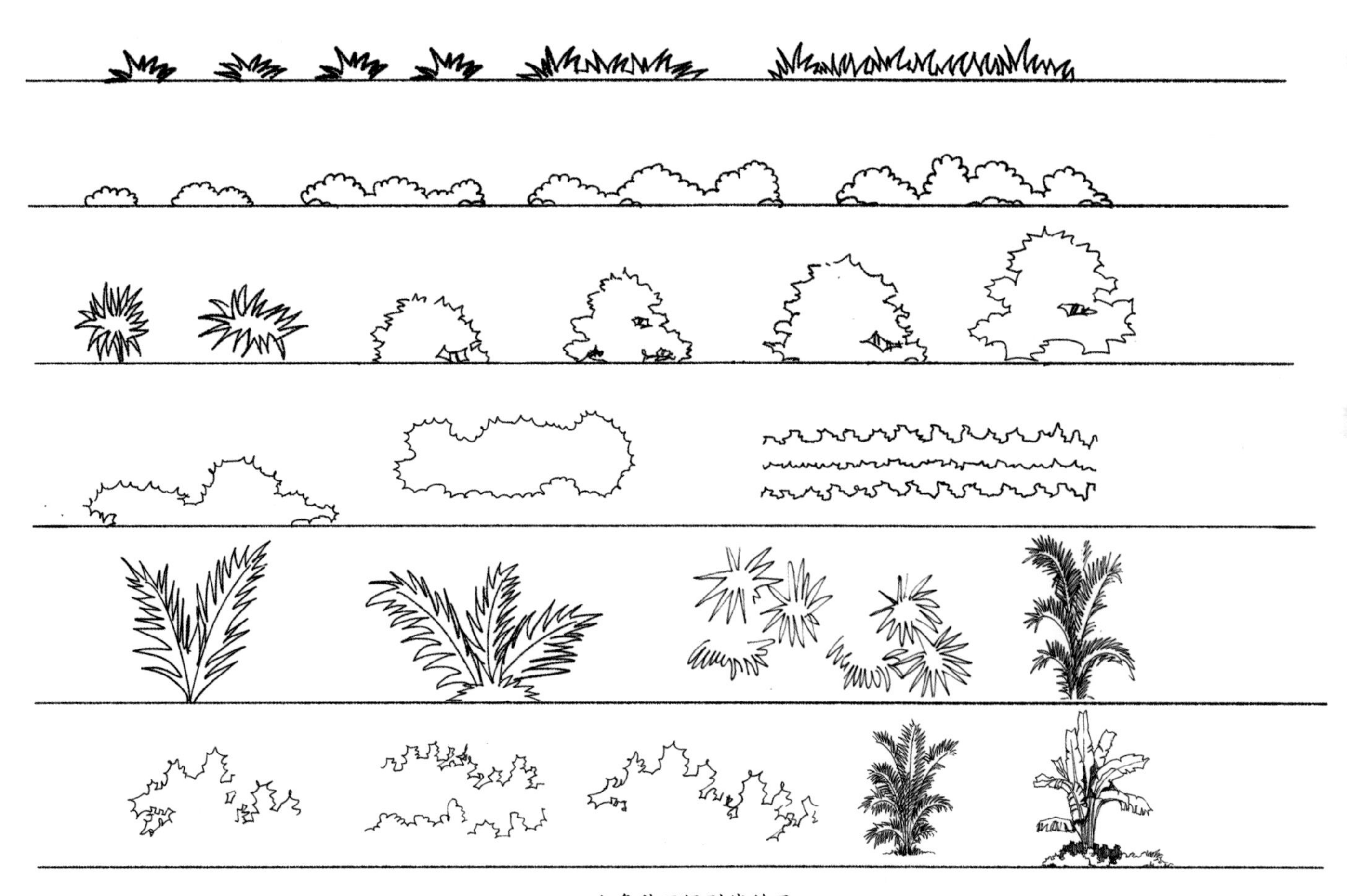

◆多种不规则线练习

2.2.5 圆和椭圆

圆和椭圆在手绘中较为常用，常用来表现台灯、茶几、植物等。圆的画法比较难掌握，需要长时间的练习。绘制圆时不能心急，刚开始画的时候，可以分两个半圆来绘制，慢慢画出轮廓。熟练之后可以放慢速度，尝试一笔画圆。最终达到整体过渡圆滑饱满，起笔、收笔自然交接。

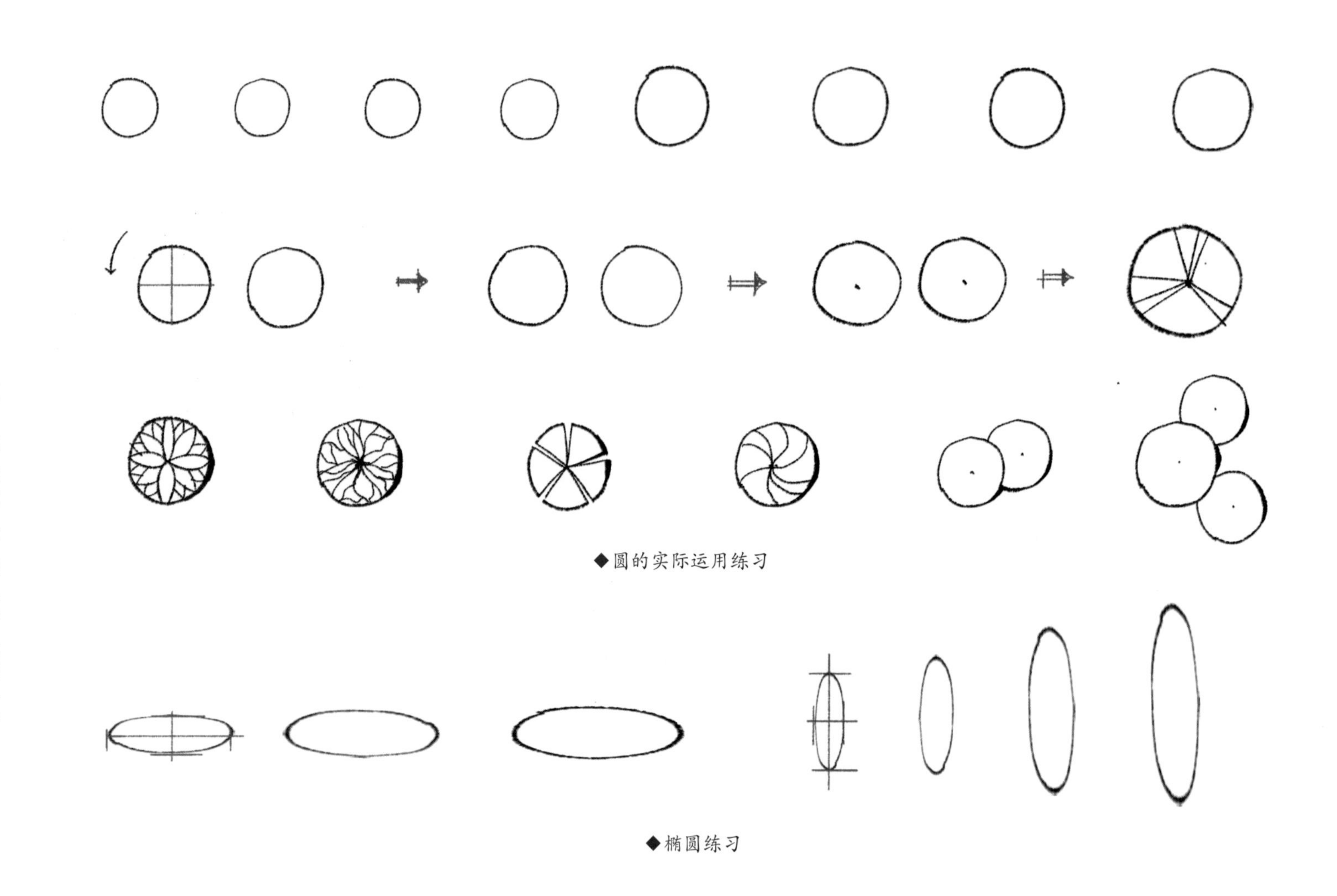

◆圆的实际运用练习

◆椭圆练习

2.3 排线练习

2.3.1 直线、斜线控制练习

上文详细讲解了手绘中所有常用的线条，接下来需要针对性地对这些线条做系统的练习。在 A3 复印纸上画出多个宽 4cm 高 3cm 的矩形，然后均匀排布。将每个矩形看作一个封闭的格子，在这些格子中练习线条。尽量不要将线条画出框外，应粗细一致，间隔均匀，或者呈渐变的形式。之后可以进行组合线条的练习，画出无数种不同的组合形式。

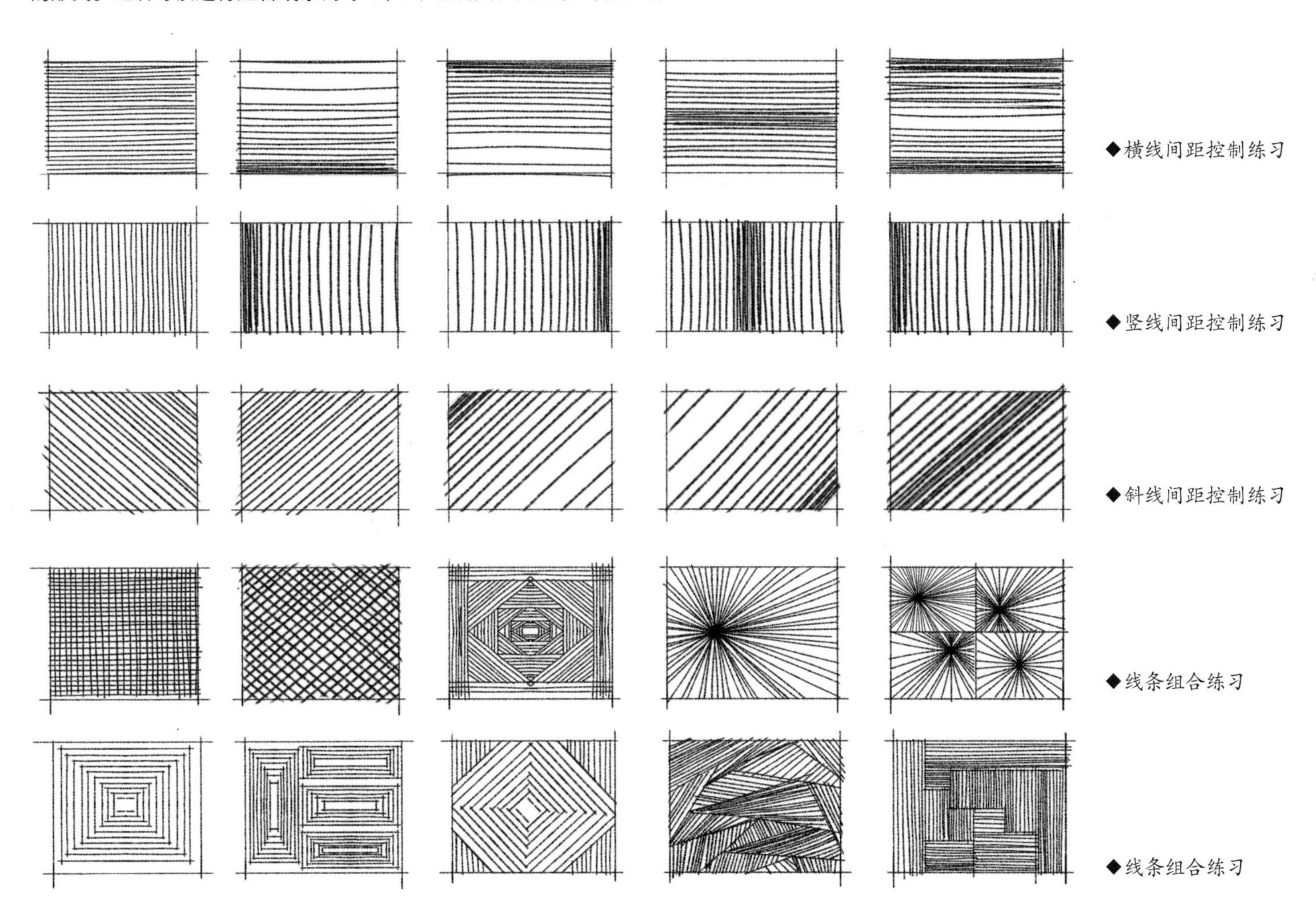

◆横线间距控制练习

◆竖线间距控制练习

◆斜线间距控制练习

◆线条组合练习

◆线条组合练习

2.3.2 抖线控制练习

抖线控制练习和直线、斜线控制练习的方法一致，先画出均匀排列的矩形，然后在格子中绘制不同类型的抖线。

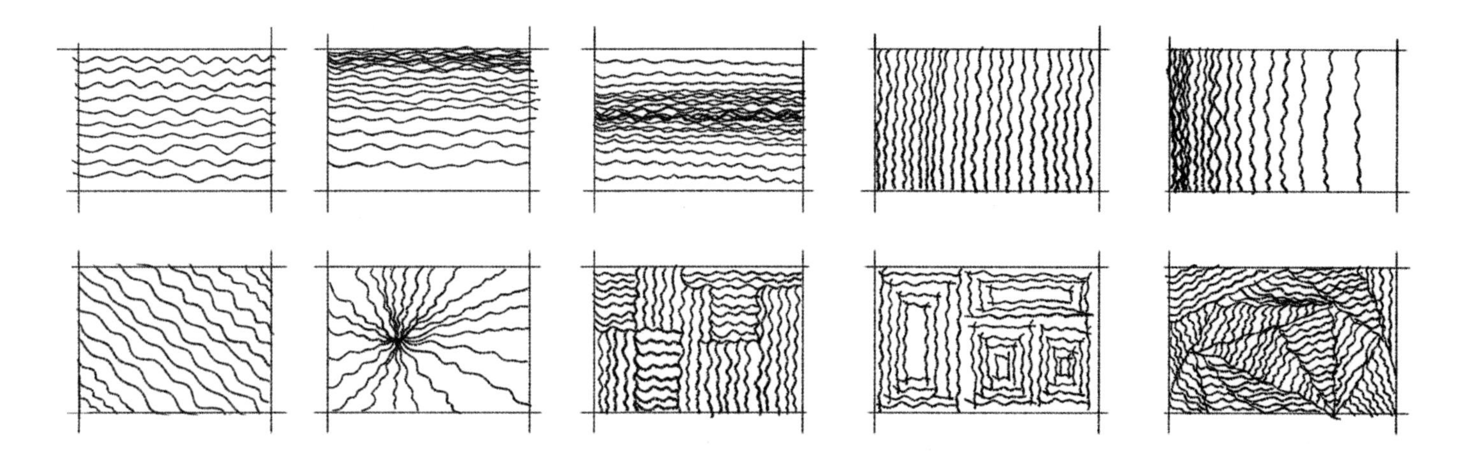

2.3.3 曲线控制练习

曲线相较于直线和抖线更为多变，所以可以画出更多的样式。

2.4 线条材质表现

线条材质表现是对线条练习的更深掌握，在 A3 复印纸上均匀绘制多个宽 4cm 高 4cm 的矩形，在每个格子里表现不同的材质，通过不同的线条和粗细、深浅、虚实等不同的刻画手法绘制相应的材质。线条材质表现是色彩表现的基础，线稿刻画得到位，后期的上色就会相应容易一些，所以一定要重视线稿的刻画。

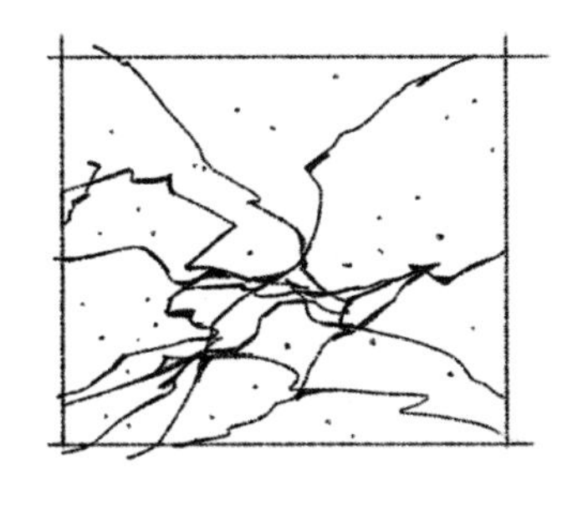
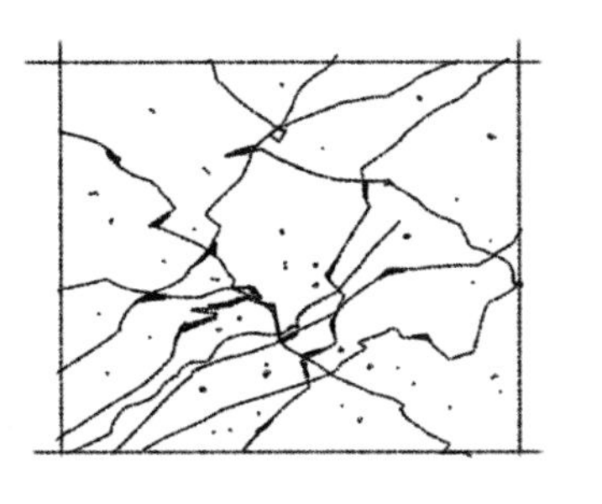
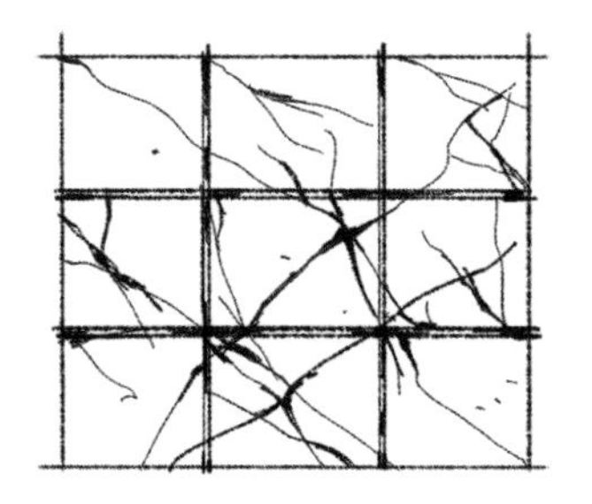
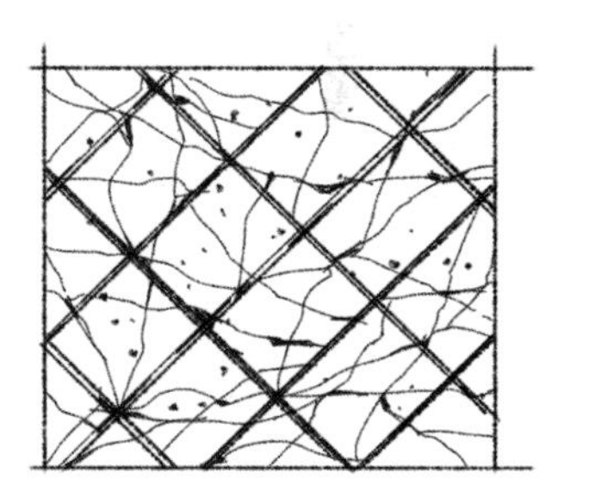

◆石材材质表现

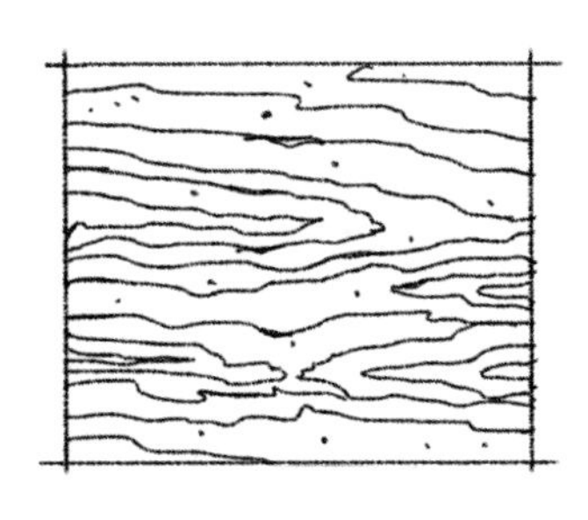
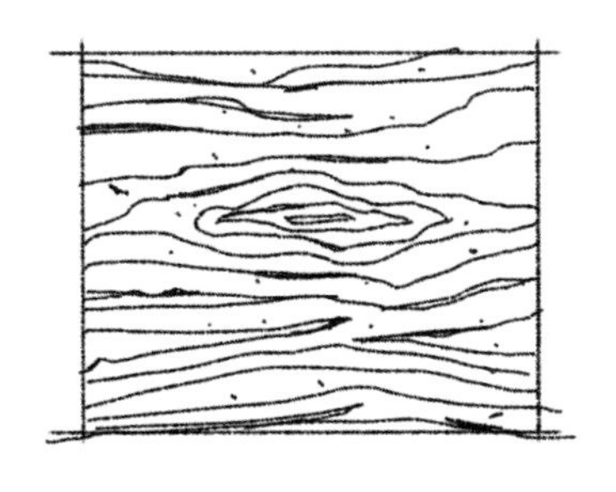
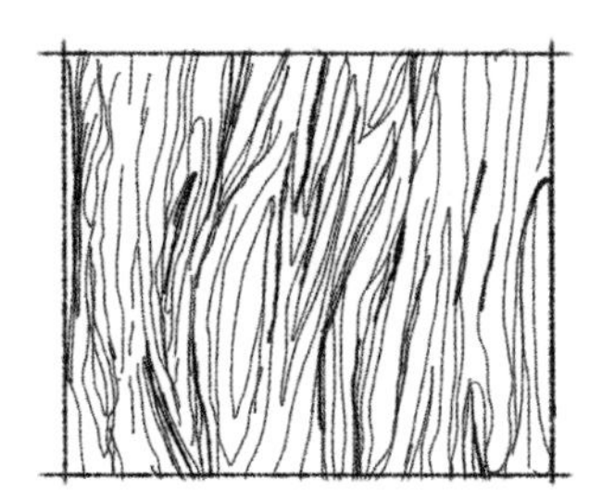

◆木纹材质表现

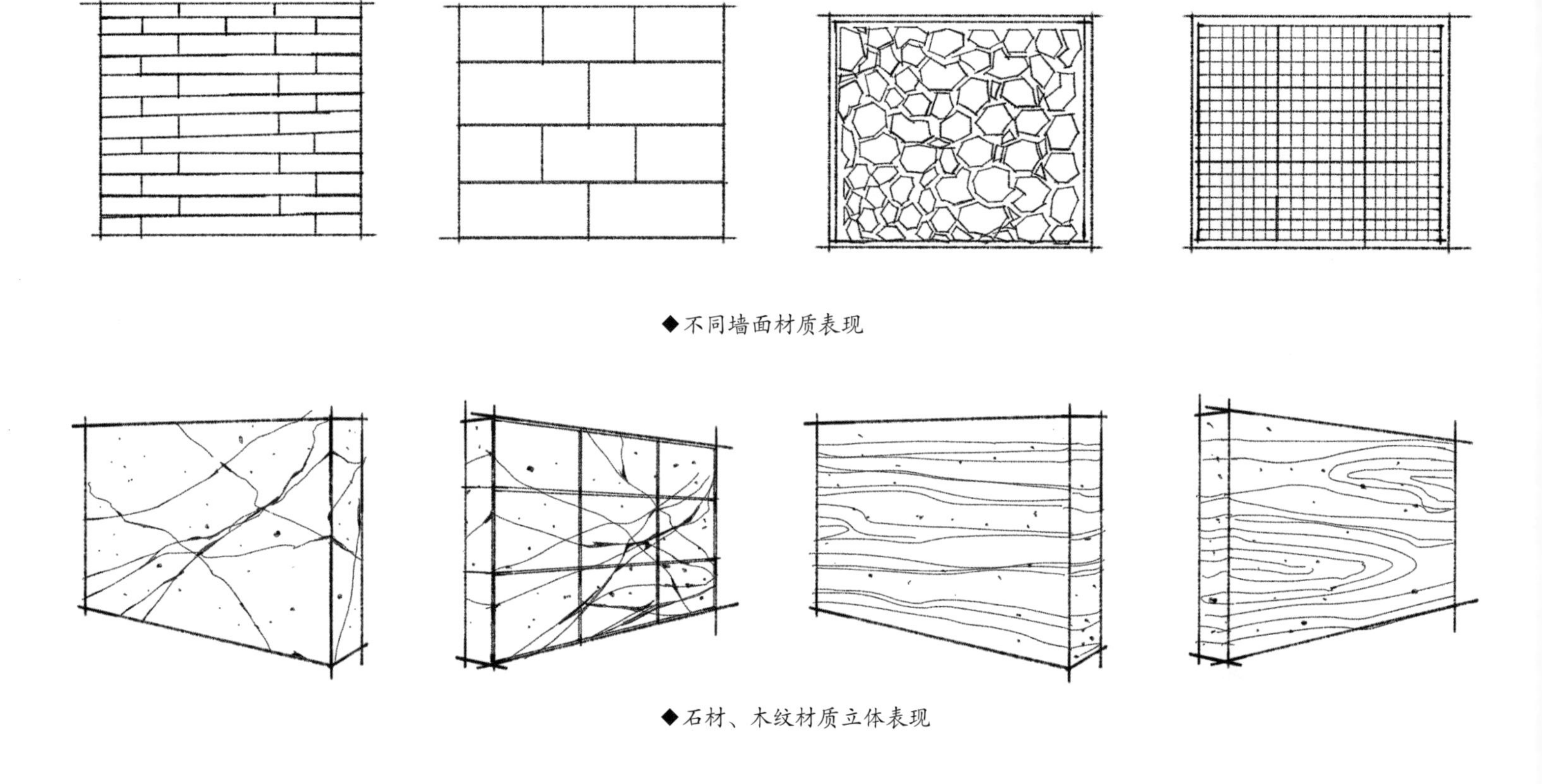

◆不同墙面材质表现

◆石材、木纹材质立体表现

03

室内家具、植物线稿表现

Day 3

3.1 家具平面图线稿表现

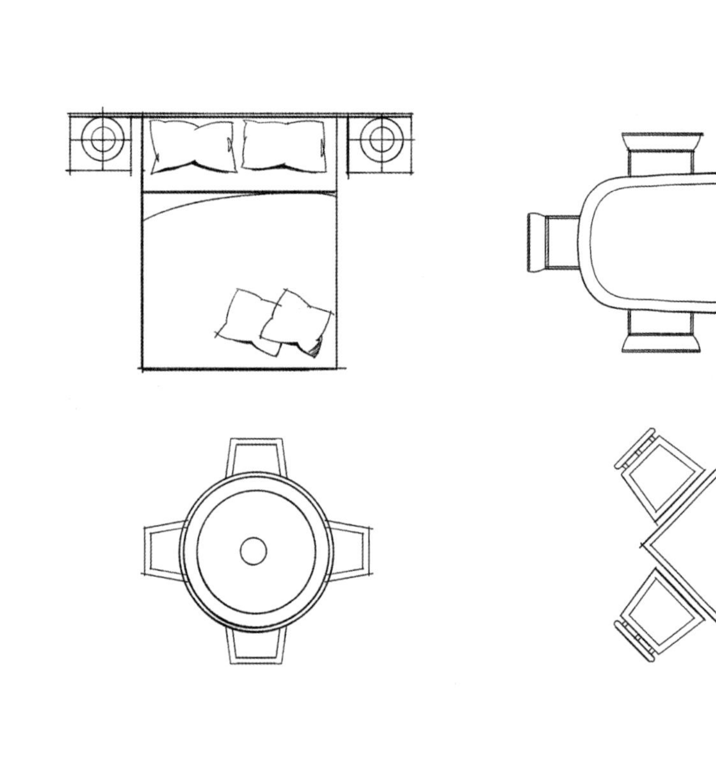

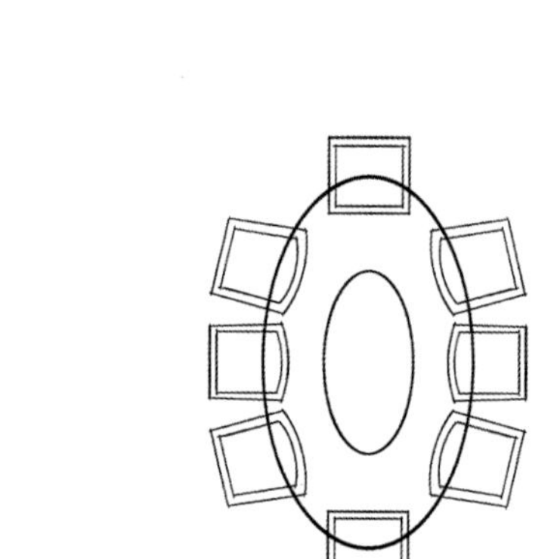

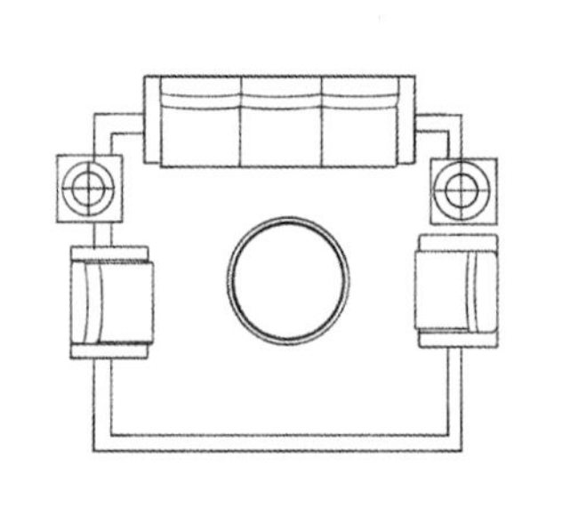

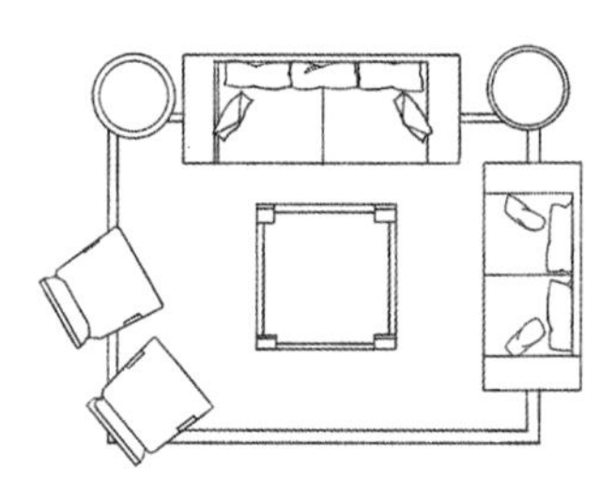

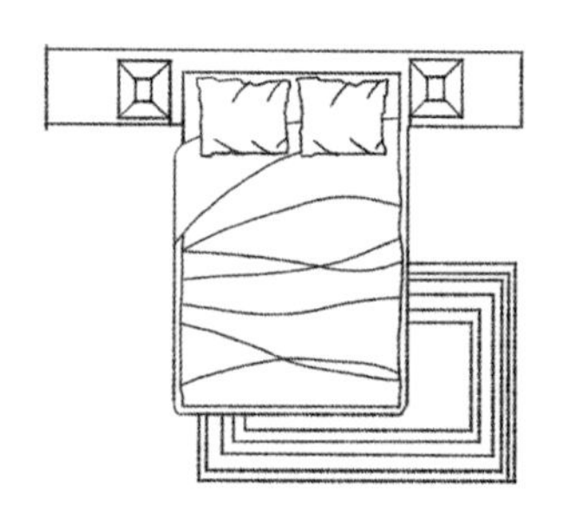

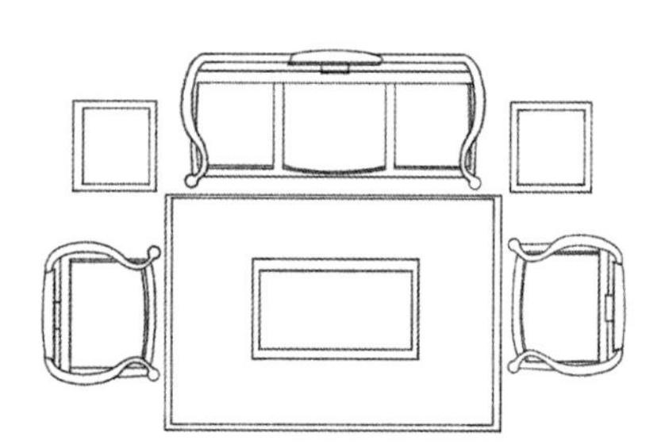

◆家具平面图线稿练习

3.2 家具立面图线稿表现

◆单体家具立面图线稿练习

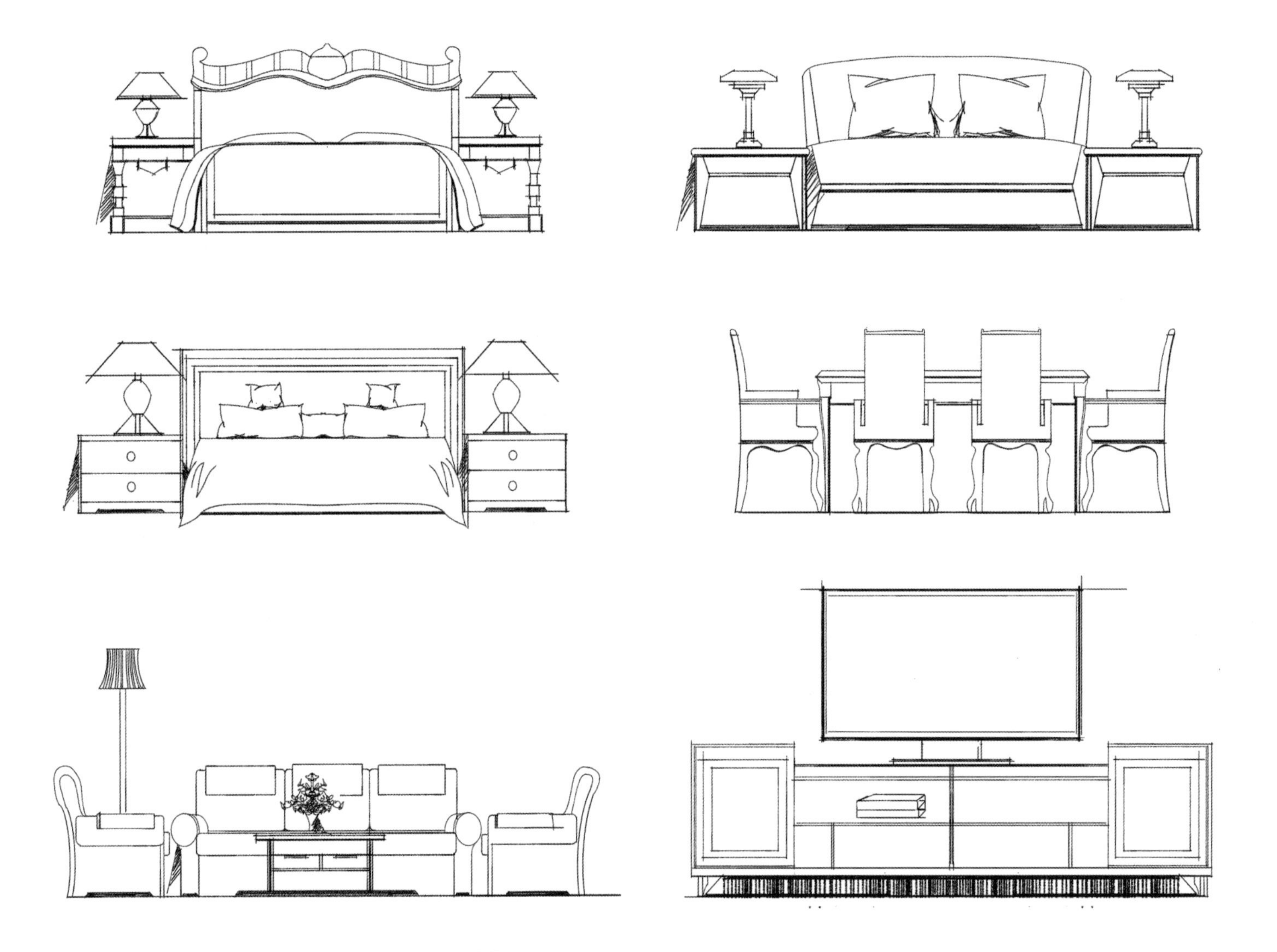

◆组合家具立面图线稿练习

3.3 家具透视图线稿表现

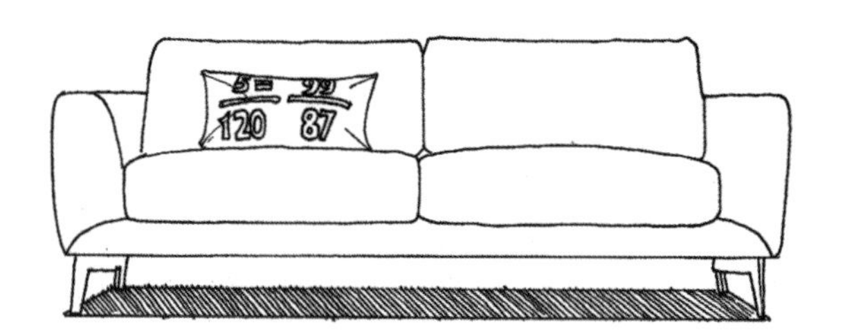

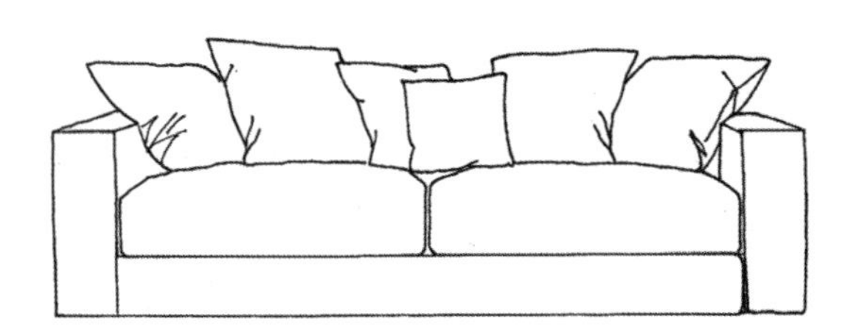

◆单体家具透视图线稿练习

◆单体家具透视图线稿练习

◆组合家具透视图线稿练习

◆组合家具透视图线稿练习

◆组合家具透视图线稿练习

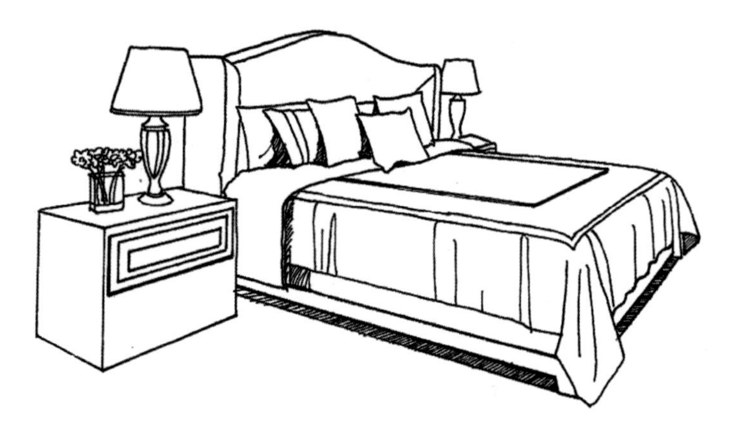

◆组合家具透视图线稿练习

3.4 植物透视图线稿表现

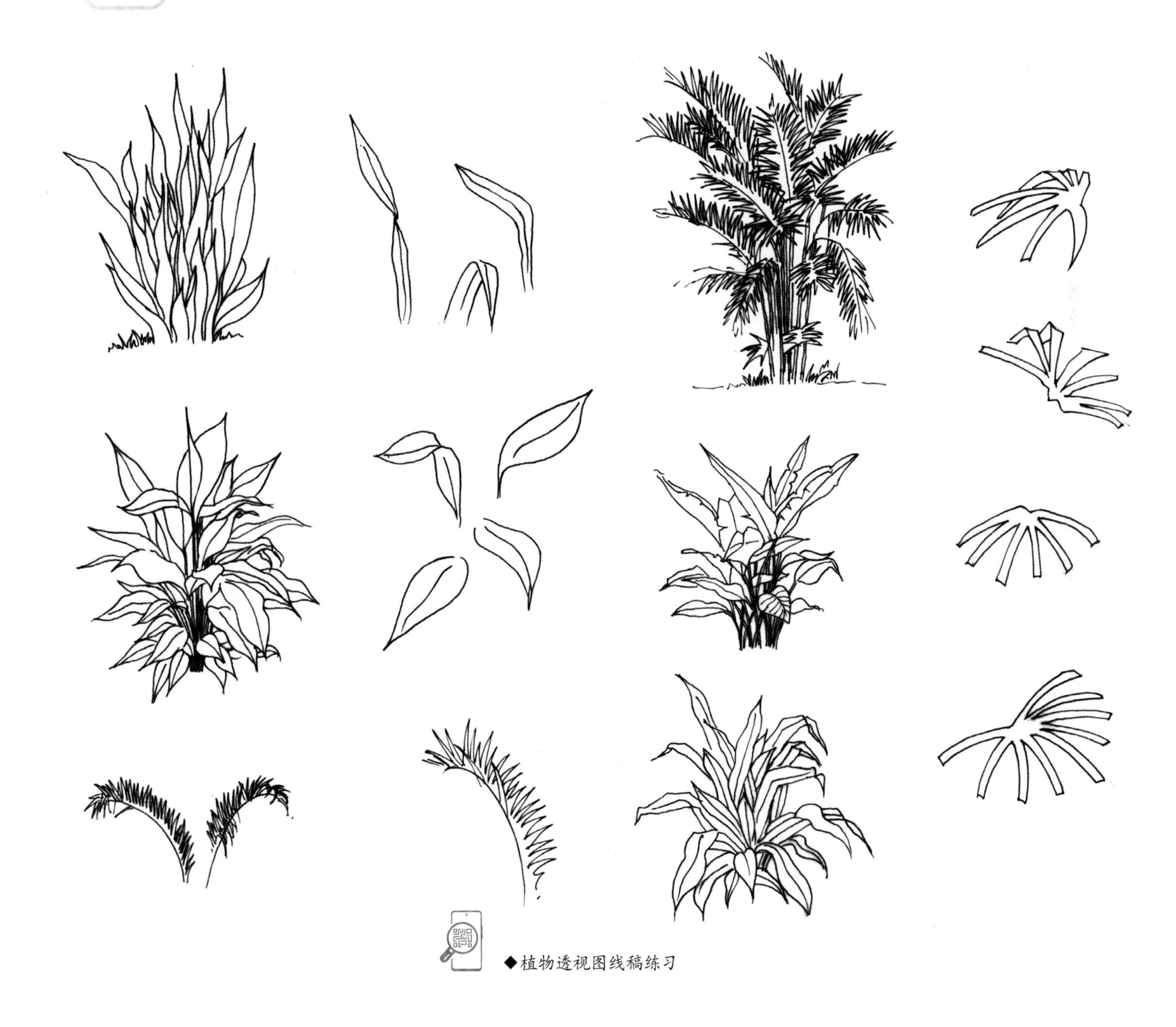

◆植物透视图线稿练习

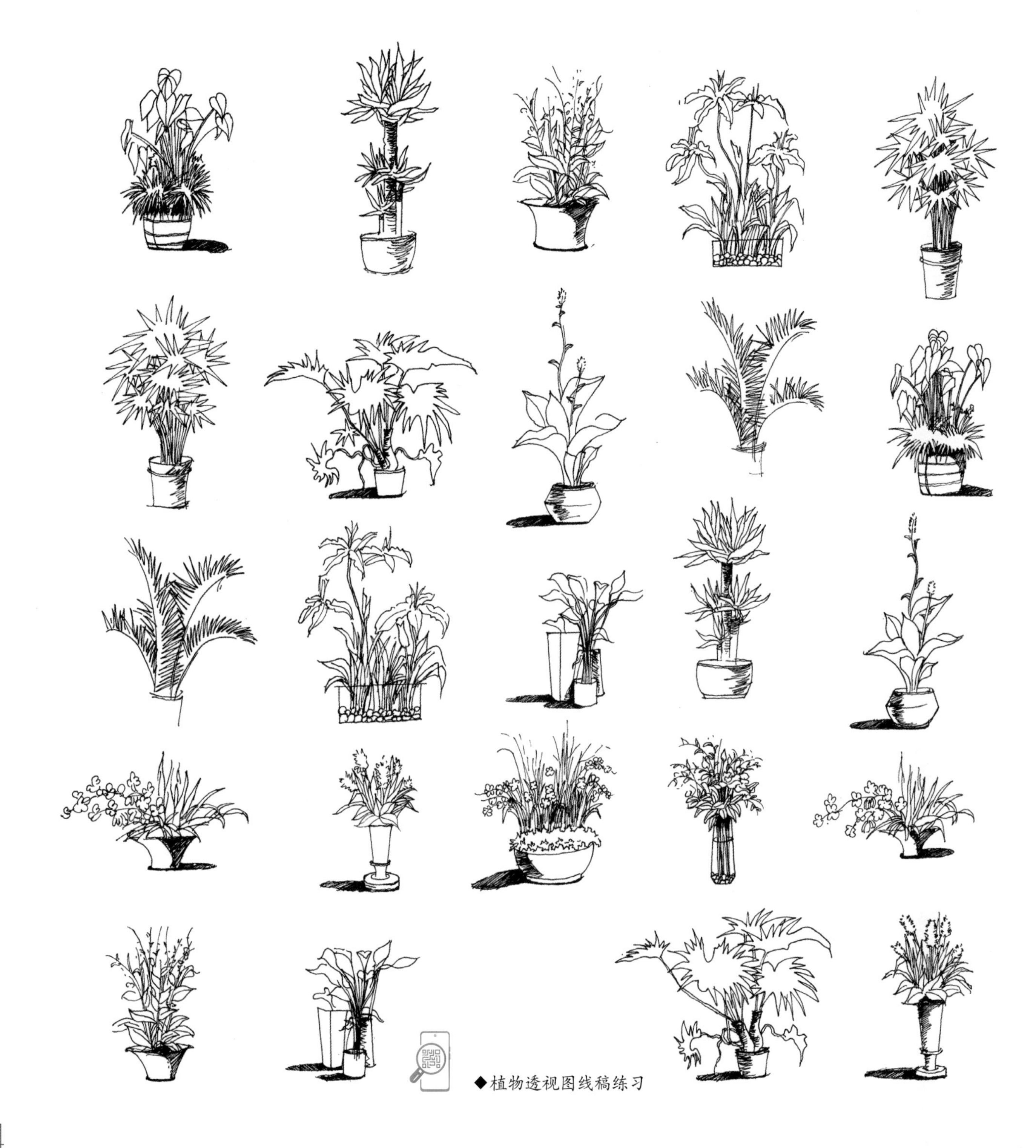

◆植物透视图线稿练习

04

室内平面图、立面图线稿表现

Day 4

4.1 室内制图规范

图纸幅面及格式

一般绘图纸图纸幅面有 5 种尺寸，大部分院校的快题会选用这 5 种尺寸，当然也有少部分院校会提供非标准的纸张大小。幅面的尺寸是由基本幅面的短边成整数倍增加后得出。

幅面代号	A0	A1	A2	A3	A4
$B \times L$	841 × 1189	594 × 841	420 × 594	297 × 420	210 × 297
e	20		10		
c	10			5	
a	25				

图名	常用比例
总平面图	1 ∶ 500、1 ∶ 1000、1 ∶ 2000
平面图、剖面图、立面图	1 ∶ 50、1 ∶ 100、1 ∶ 200
局部放大图	1 ∶ 10、1 ∶ 20、1 ∶ 50
详图	1 ∶ 1、1 ∶ 2、1 ∶ 5、1 ∶ 10、1 ∶ 20、1 ∶ 50

◆图纸幅面及格式

图形比例

比例是指图形与其实际相应要素的线性尺寸之比。

在写图名和比例的时候，图名的字号应该适当大一些。正确比例的写法如下所示：

平面图 1:100　**平面图** 1:100

尺寸标注

根据国际上通用的惯例和国际上的规定，建筑类设计图上标注的尺寸，除标高及总平面图以米（m）为单位外，其余一律以毫米（mm）为单位。因此，设计图上的尺寸数字都不再注写单位。

尺寸标注的组成：

（1）尺寸界线（细实线）：表示尺寸的度量范围，用细实线绘制。

（2）尺寸线：表示所注尺寸的度量方向和长度，用细实线绘制。

（3）尺寸起止符号（尺寸线终端）：尺寸的起止点，一般采用 45° 短划线。如果标注直径、半径、角度，一般采用箭头。

（4）尺寸数字：表示尺寸的大小，尺寸数字一般写在尺寸线的上方，位置居中。

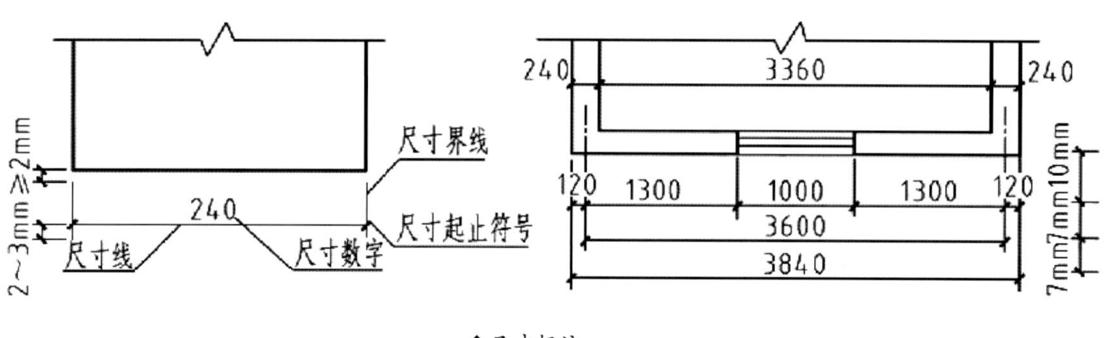

◆尺寸标注

指北针

指北针用细实线绘制，圆的直径为 24mm 左右，指针指尖为北向，一般注明“北”或“N”，指针尾部宽度宜为 3mm 左右。若需要绘制大比例直径的指北针时，指针尾部宜为直径的 1/8。

标高

绝对标高：是以一个国家或地区统一规定的基准面作为零点的标高。我国规定以青岛附近黄海夏季的平均海平面作为标高的零点（又称水准零点），以水准零点为基准所计算的标高称为绝对标高。

相对标高：以建筑物首层主要地面高度为零作为标高的起点，所计算的标高称为相对标高。

标高单位：标高数值以米为单位，一般注写到小数点后三位（总平面图中注写至小数点后两位）。底层平面图中室内主要地面的零点标高注写为 ±0.000。低于零点标高的为负标高，标高数字前加“－”号，如 −0.350。高于零点标高的为正标高，标高数字前可省略“＋”号，如 2.000。

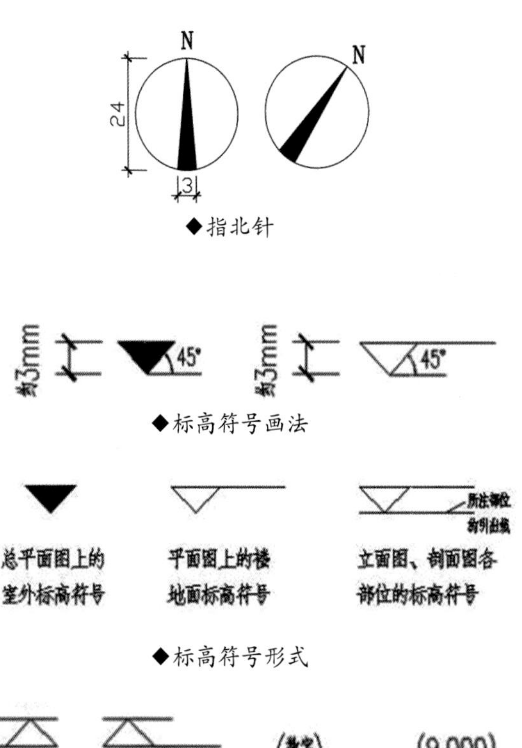

◆指北针

◆标高符号画法

◆标高符号形式

◆立面图与剖面图上标高符号注法

立面指向符

立面指向符由一个等边直角三角形和细直线圆圈（直径为 8~12mm）组成。在等边直角三角形中，直角所指的垂直截面就是立面图所要表示的界面。圆圈上半部的字母或数字为立面图的编号，下半部的数字为该立面图所在图纸的编号，但在快题考试中多为一张纸，不用体现图纸编号，一般用“—”代替数字。

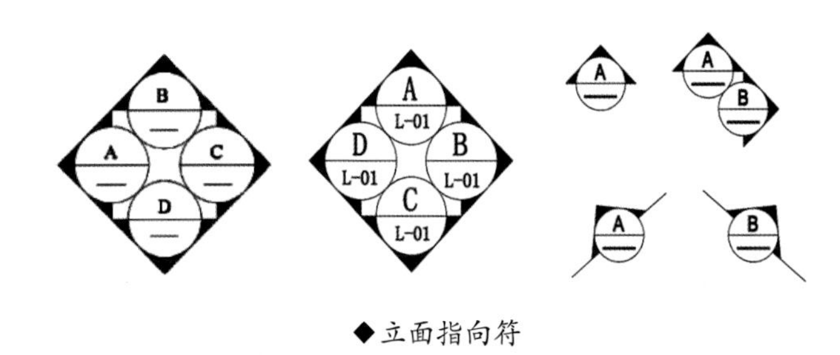

◆立面指向符

剖面指向符号

用粗实线表示剖面指向符号，剖切方向线的长度为 6~10mm；投射方向线应垂直于剖切位置线，长度为 4~6mm。即长边的方向表示切的方向，短边的方向表示看的方向。

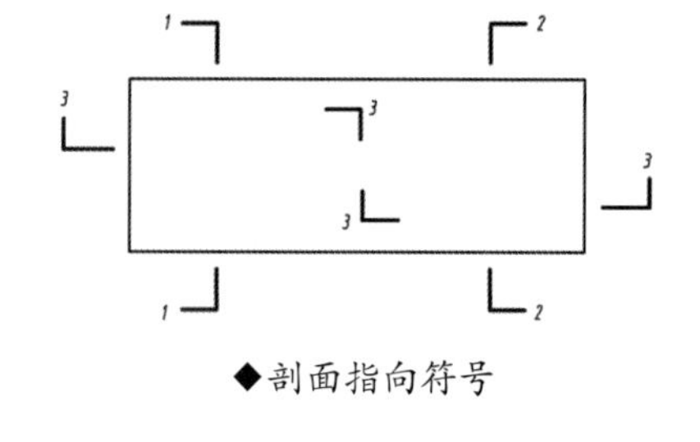

◆剖面指向符号

图名

将图名标注在所表示图的下方正中，在图名下方画双划线，粗线在上，细线在下，中间间隔不宜过大，比例紧跟其后，但不在双划线之内。

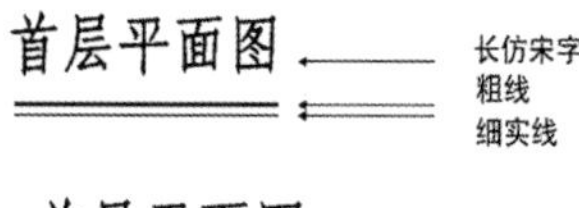

◆图名

楼梯

在室内设计手绘中常画多层建筑，这就涉及楼梯的画法，建筑的每层楼梯画法各有差异。

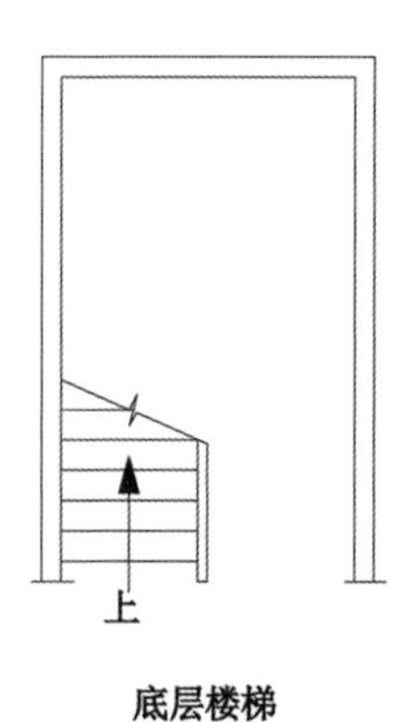

底层楼梯

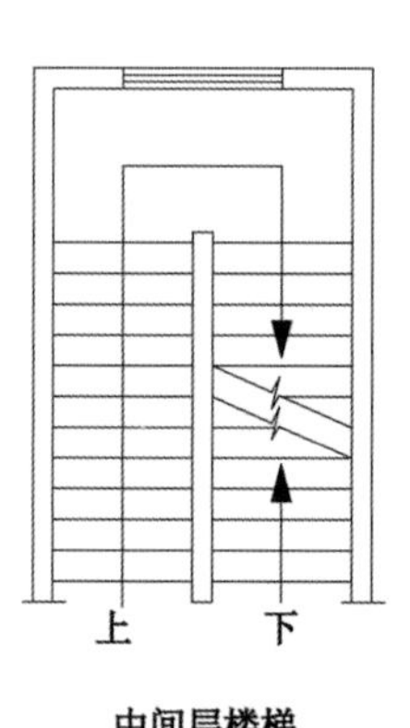

中间层楼梯

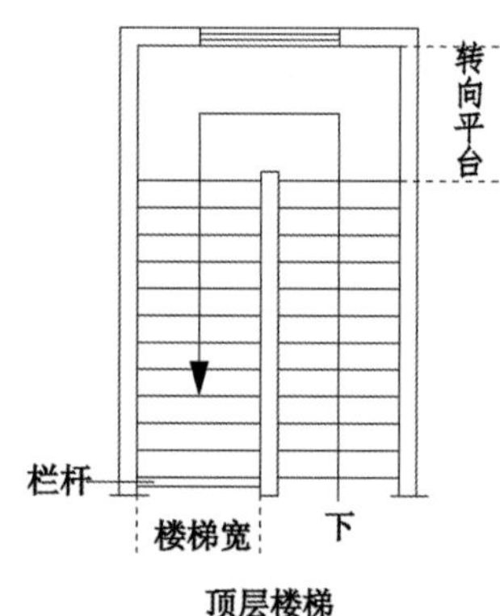

顶层楼梯

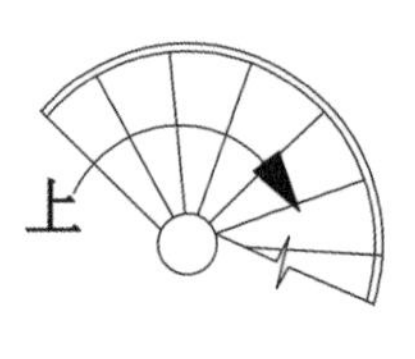

◆楼梯

资料参考：https://wenku.baidu.com/view/0c4876fc743231126edb6f1aff00bed5b8f3732b.html

4.2 平面图线稿绘制步骤

扫码观看视频

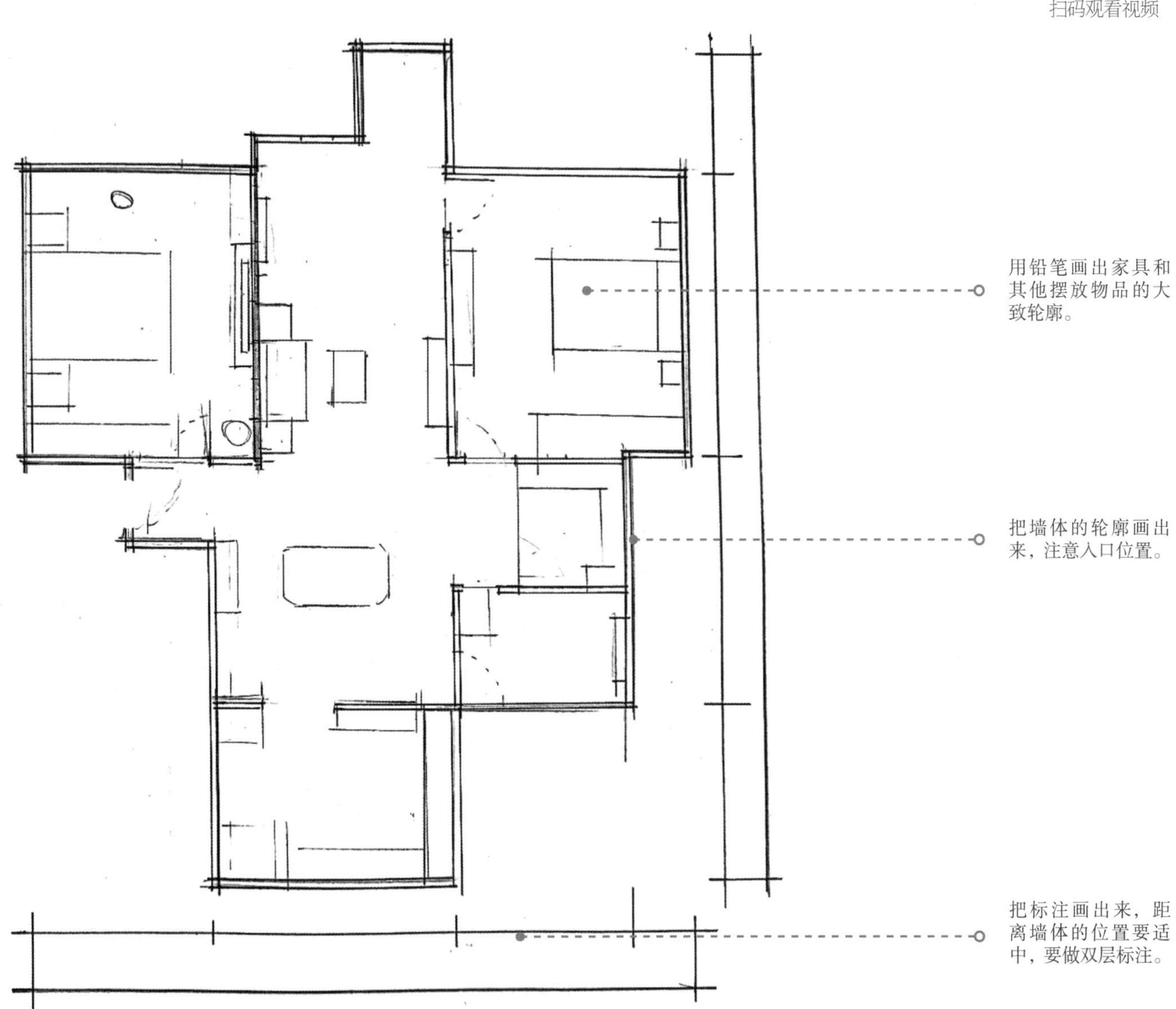

用铅笔画出家具和其他摆放物品的大致轮廓。

把墙体的轮廓画出来，注意入口位置。

把标注画出来，距离墙体的位置要适中，要做双层标注。

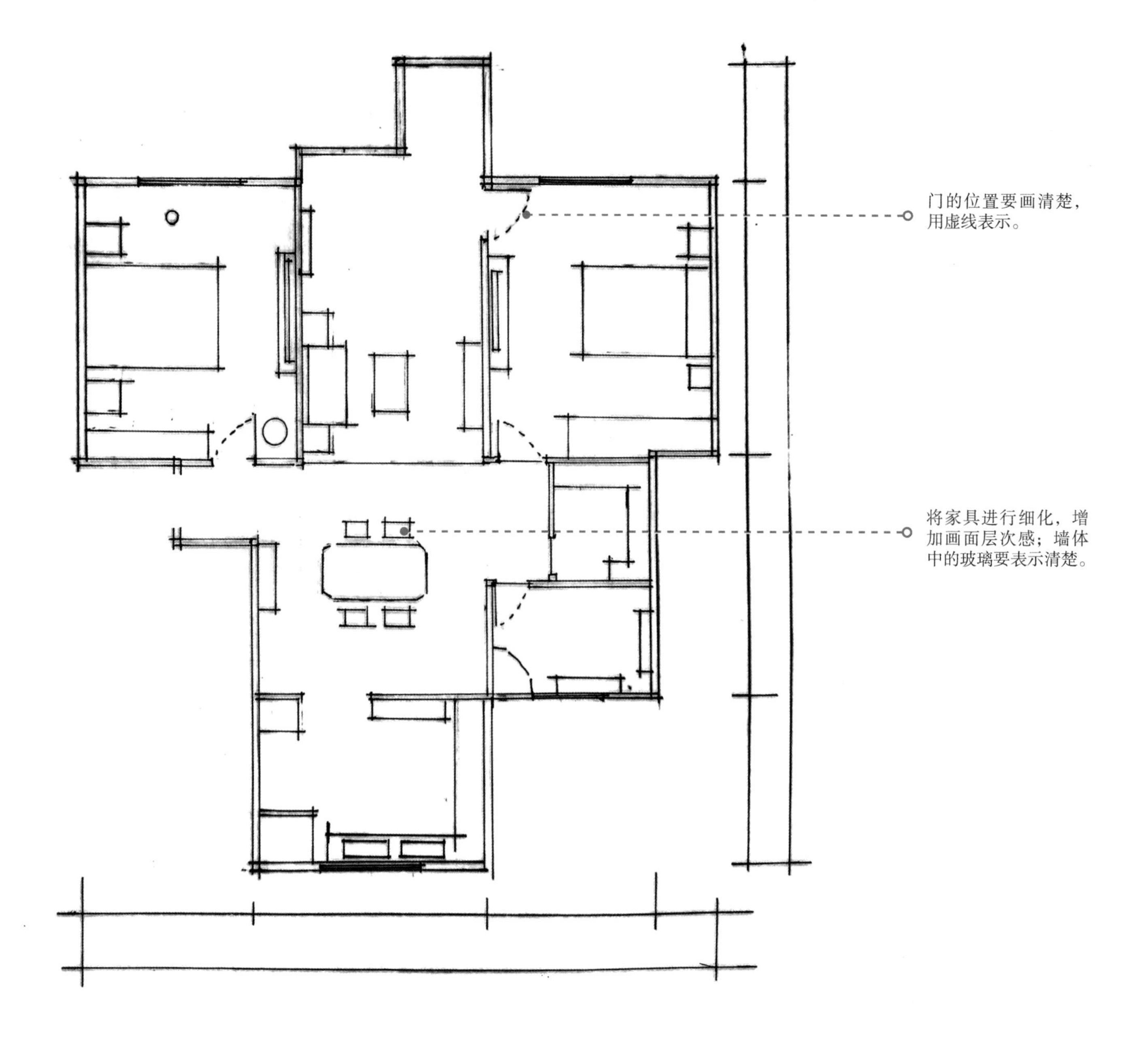
门的位置要画清楚，用虚线表示。
将家具进行细化，增加画面层次感；墙体中的玻璃要表示清楚。

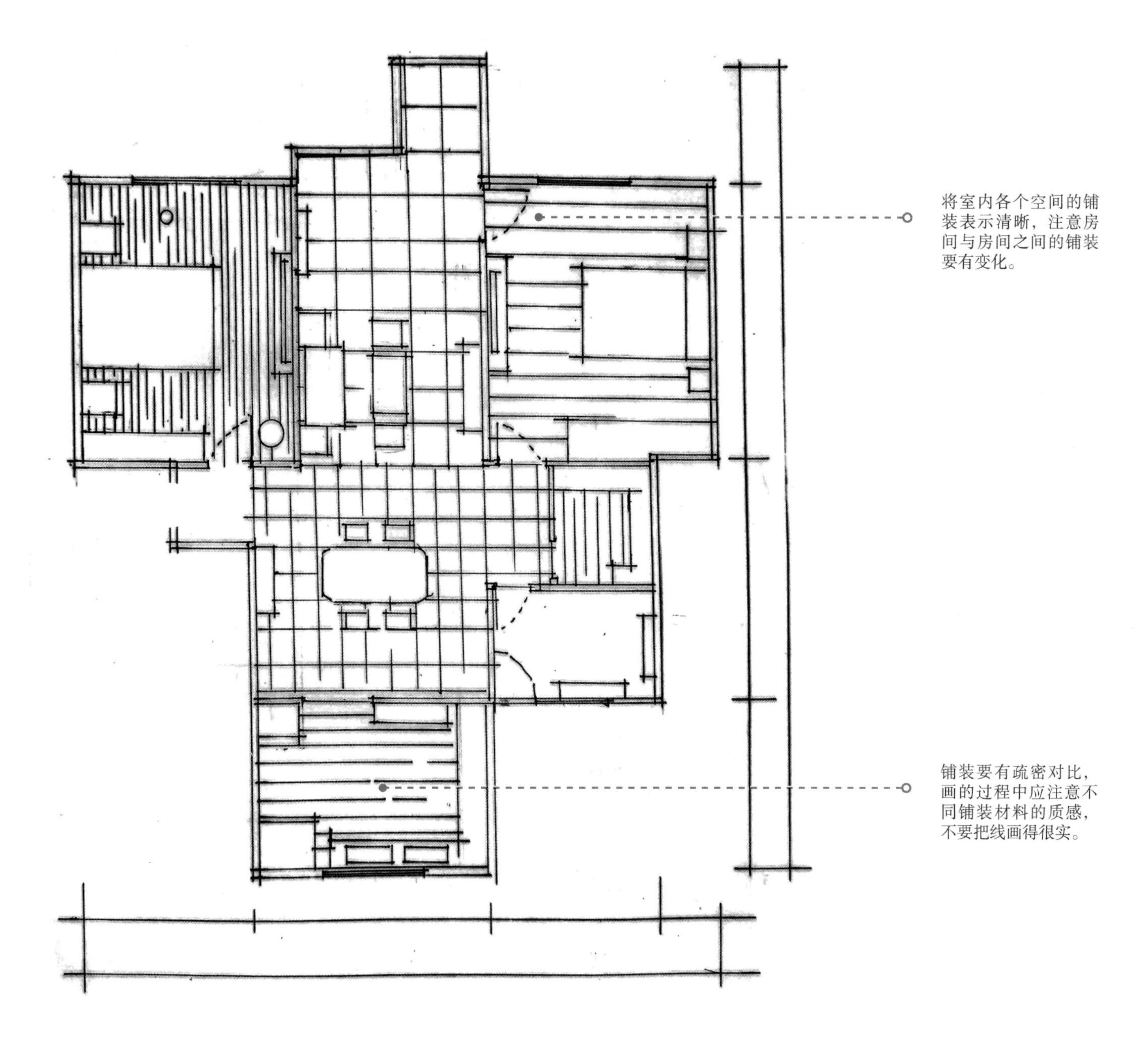

将室内各个空间的铺装表示清晰，注意房间与房间之间的铺装要有变化。

铺装要有疏密对比，画的过程中应注意不同铺装材料的质感，不要把线画得很实。

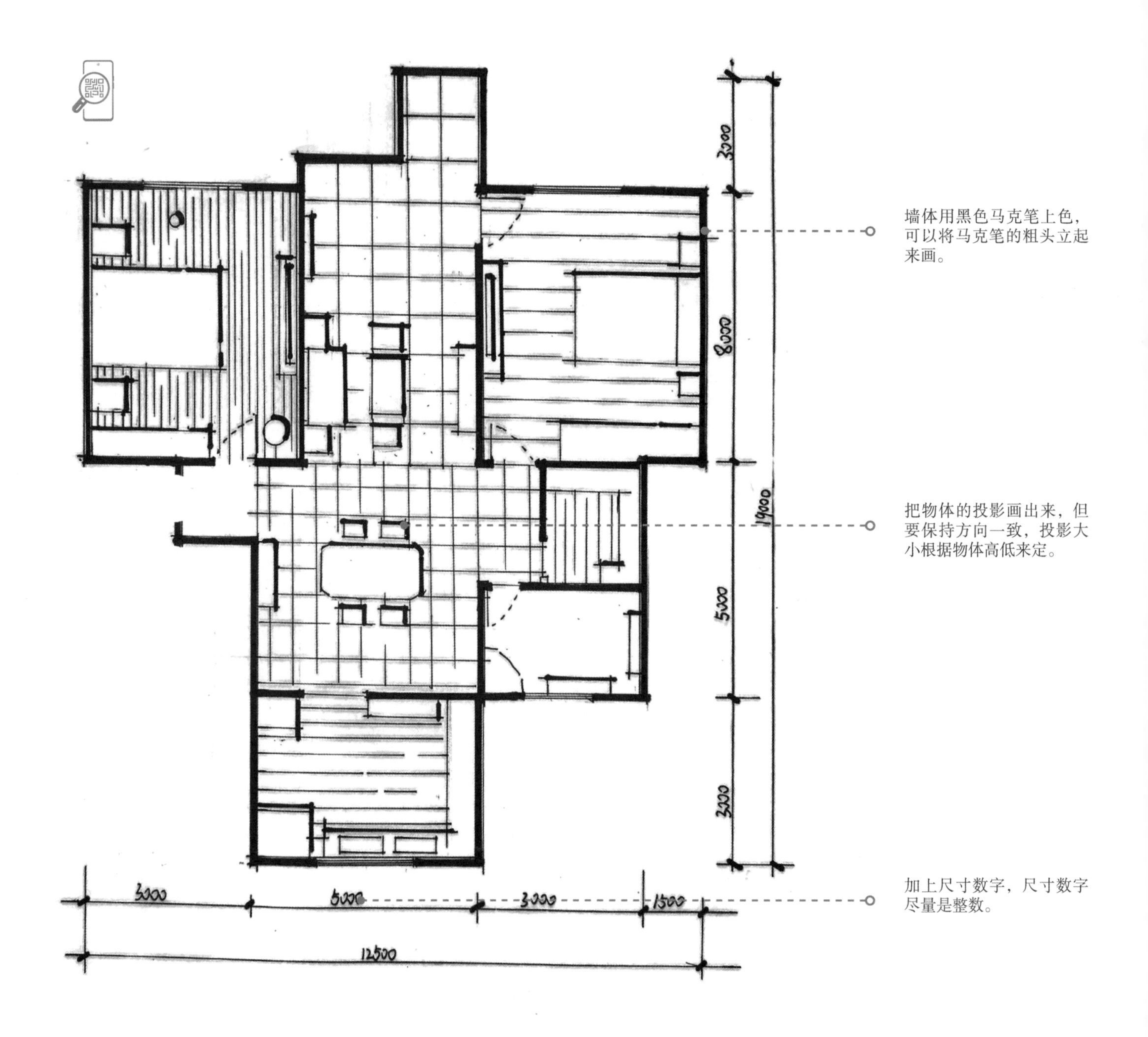

墙体用黑色马克笔上色，可以将马克笔的粗头立起来画。
把物体的投影画出来，但要保持方向一致，投影大小根据物体高低来定。
加上尺寸数字，尺寸数字尽量是整数。
3000
8000
5000
19000
3000
5000
3000
1500
12500

4.3 立面图线稿绘制步骤

扫码观看视频

用铅笔打稿，把立面图的框架画出来，注意空间的顶和底的厚度。

注意立面图的前后遮挡关系，线段的遮挡。

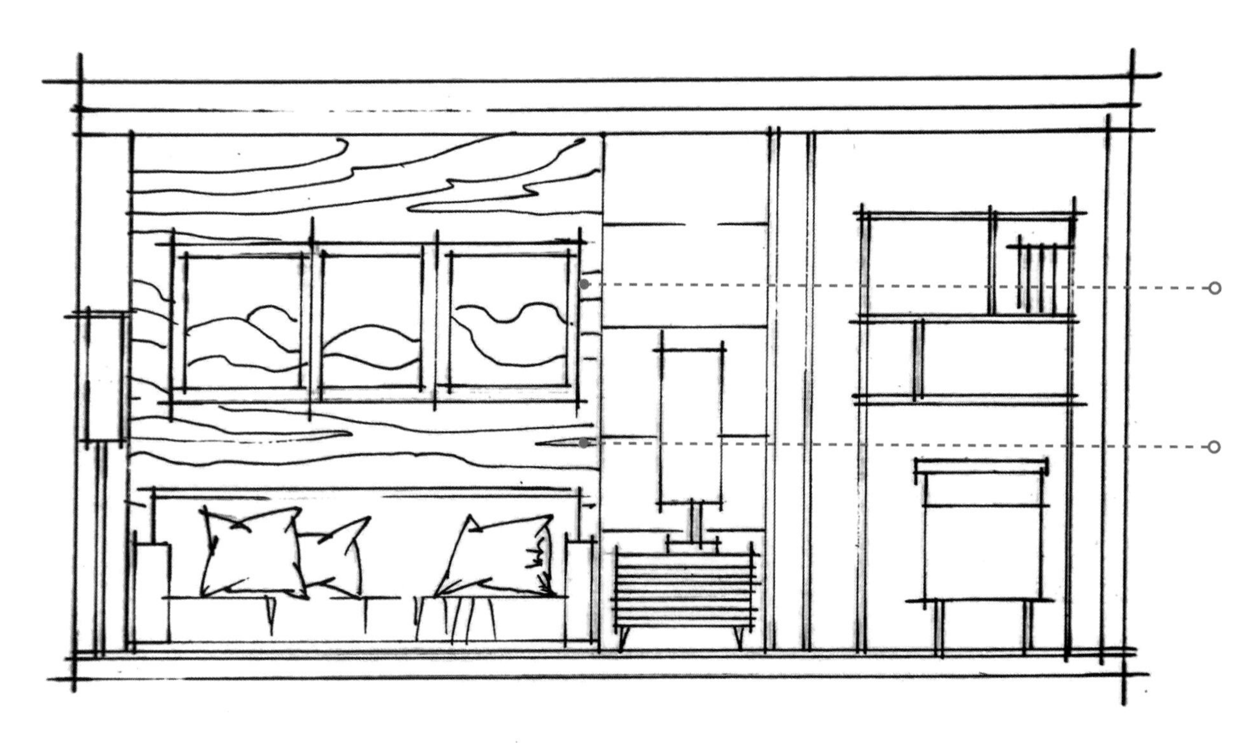

画出立面图的前后遮挡关系，线段的遮挡；后面物体的线条不要压过靠前物体的线条。

画出立面图的材质纹理，表现层次感。

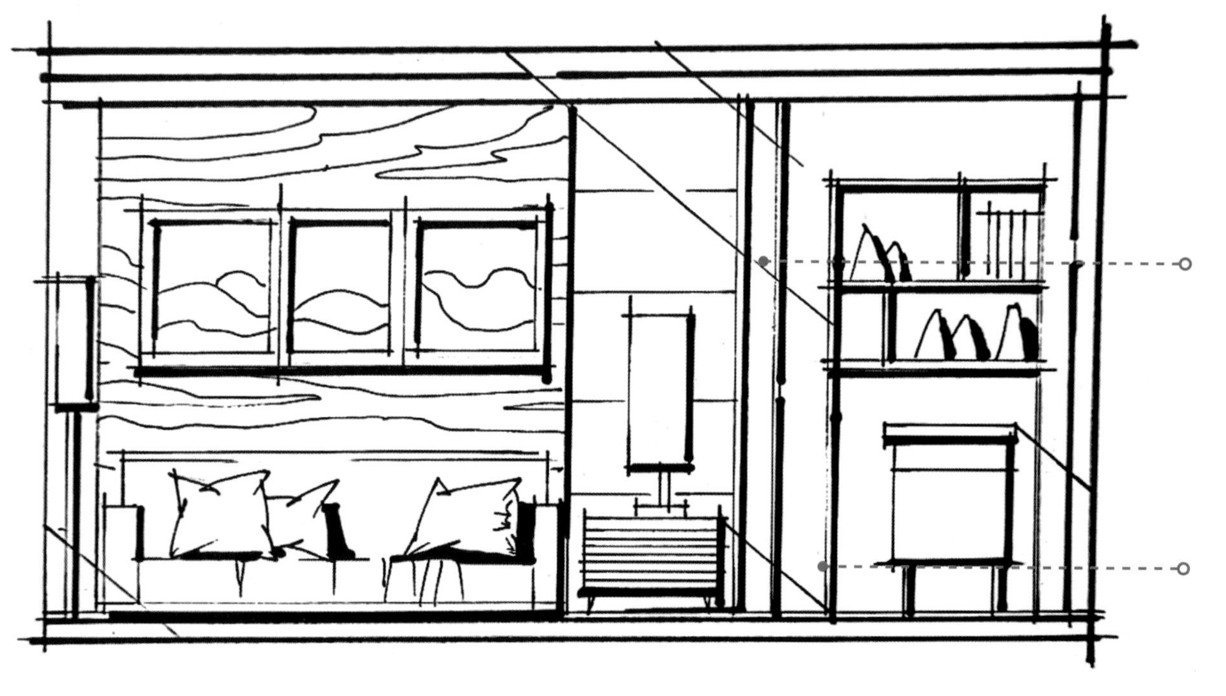

选定一个方向来光，然后把投影画出来，投影的方向要一致，投影的大小要与物体的大小相对应。

家具投影的面积可以用线条画出来，方便后面马克笔上色。

05

室内空间透视图线稿表现

5.1 一点透视线稿表现

5.1.1 一点透视概念

通常物体的一个面与视角(画面)构成平行关系，且由于透视视角上的变形，会让人产生近大远小、近实远虚、近高远低的感觉，透视线和消失点应运而生。

定义：一点透视又称为平行透视，当形体的一个主要面平行于画面，其他的面垂直于画面，斜线消失在一个点上所形成的透视称为一点透视。

特点：应用最多，容易接受；庄严、稳重，能够表现主要立面的真实比例关系，变形较小，适合表现大场面的纵深感。

缺点：透视画面容易形成对称构图，不够活泼。

注意事项：一点透视的消失点在视平线上稍稍偏移画面的 1/4 至 1/3 为宜。在室内效果图表现中，视平线一般定在整个画面靠下 1/3 左右的位置。掌握一点透视的基本规律与经验作图法，便于我们了解透视与构图的基本关系。

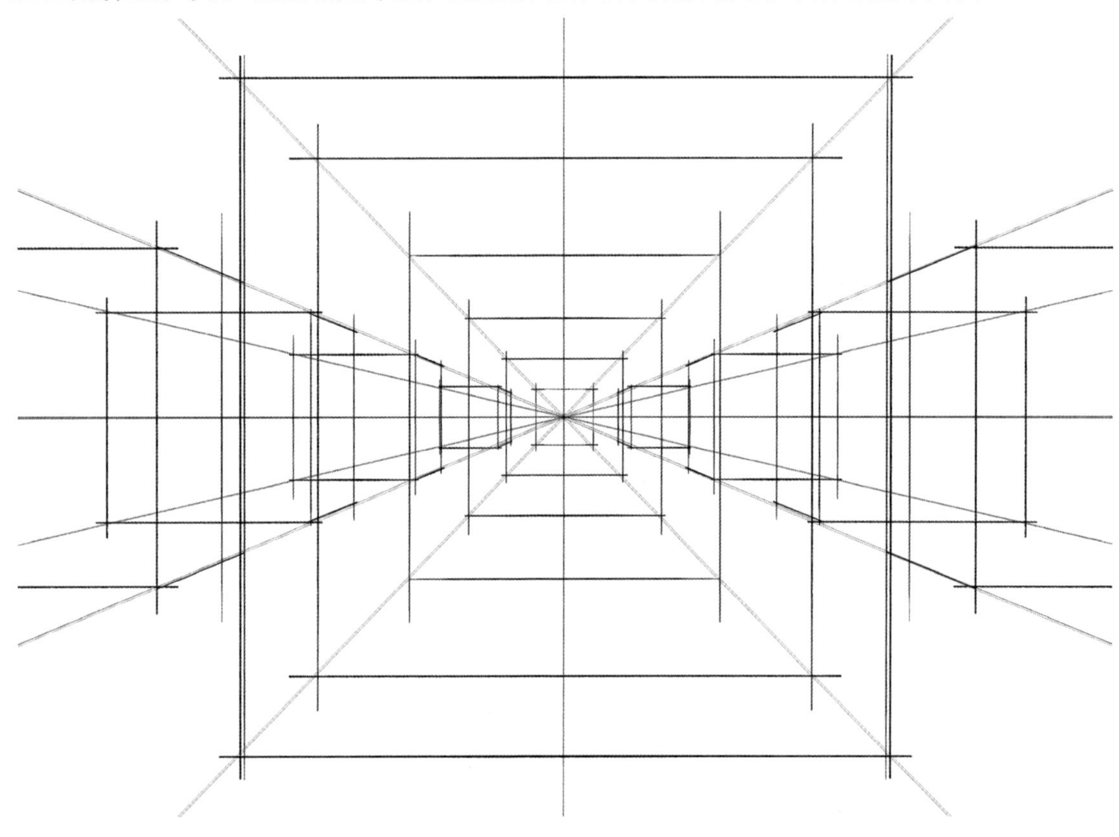

5.1.2　一点透视线稿绘制步骤

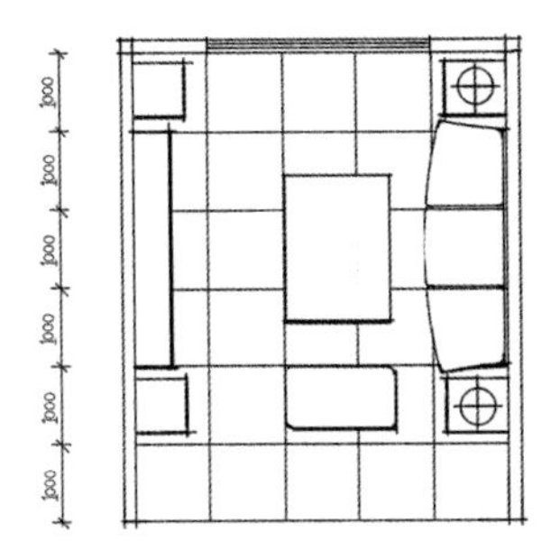

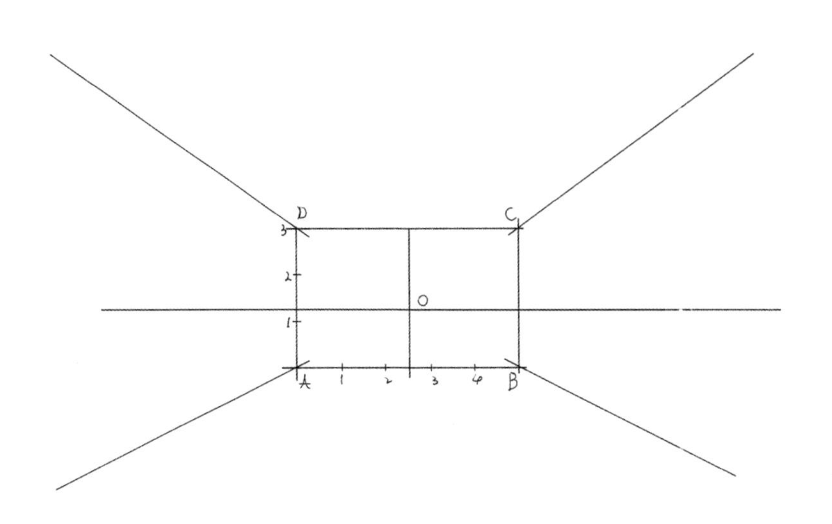

步骤 1

根据平面图画出房间墙面，视平线高度选择 1.2m 左右，形成初步透视空间。

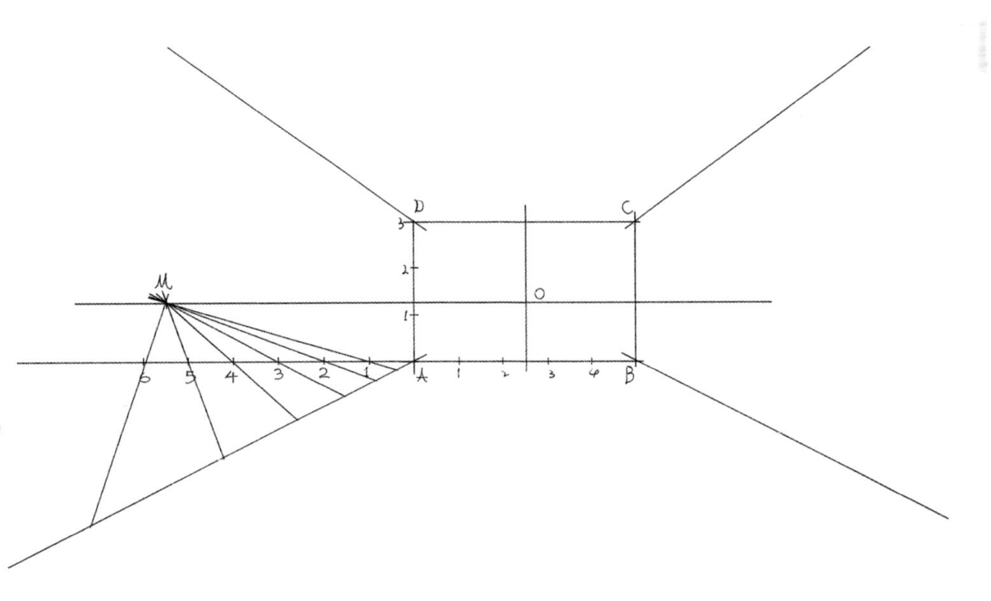

步骤 2

把 BA 向左延长 6 个单位，定出 M 点，然后分别连接 6 个点得出空间进深。

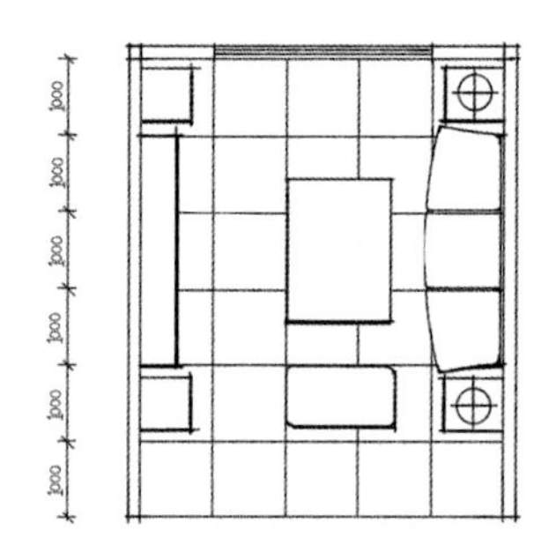

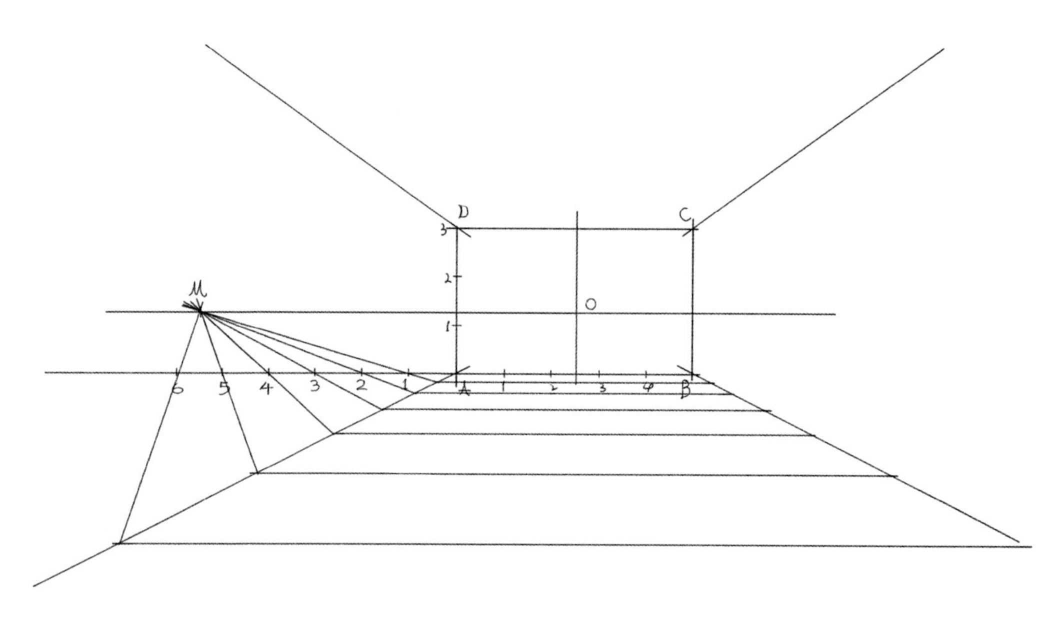

步骤 3

根据 M 点与地面相交的 6 个点，做出平行线。

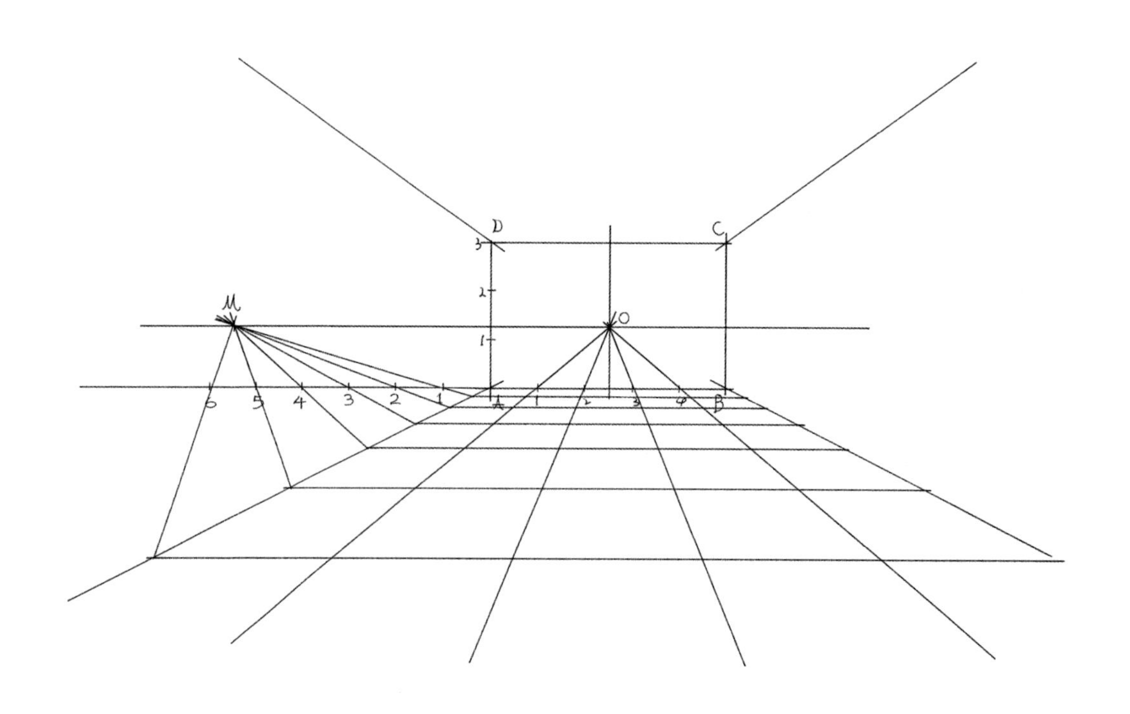

步骤 4

过点 O 做出地面透视效果。

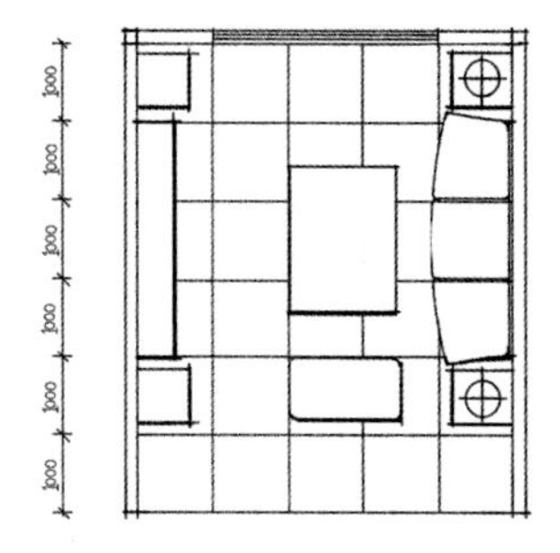

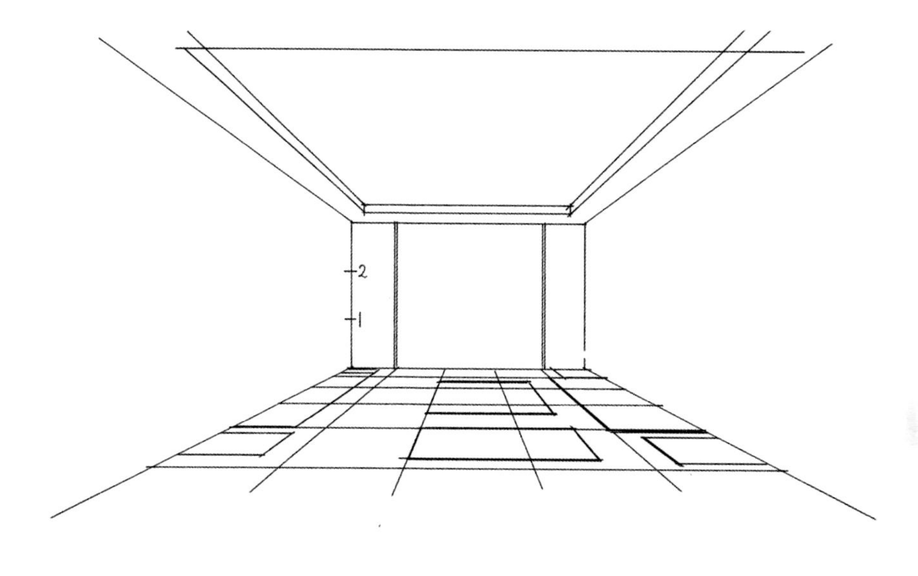

步骤 5

根据平面图确定各个家具的位置。

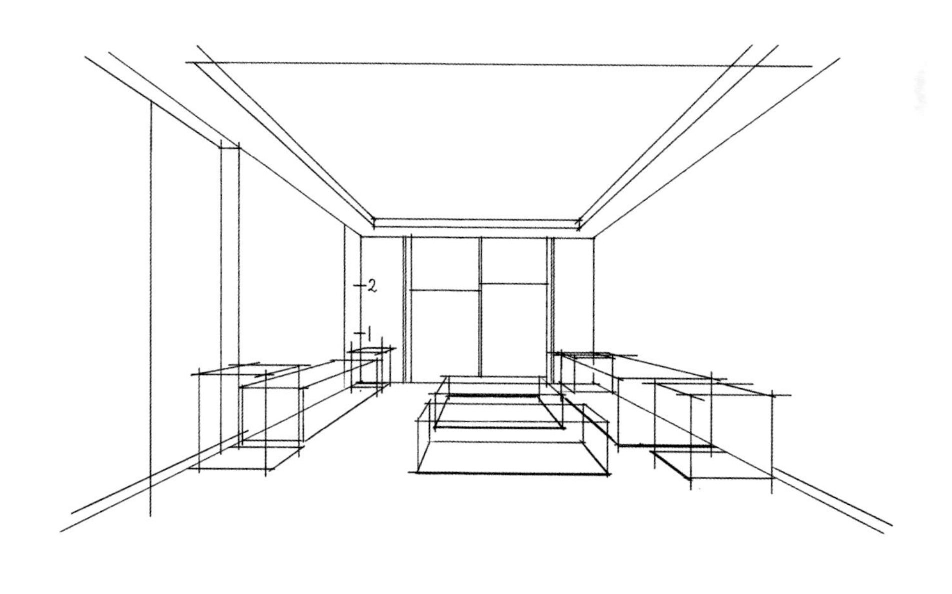

步骤 6

根据常用尺寸确定家具高度和空间位置。

步骤 7

根据以上方法依次完成其他物体刻画。

5.2 两点透视线稿表现

5.2.1 两点透视概念

两点透视也称为成角透视。所绘制的物体的两边的延长线交汇在视平线上的两点，称为消失点（又称为灭点）。物体只有垂直线平行于画面，水平线倾斜聚焦于两个消失点。

特点：有两个消失点。

优点：能够使画面更灵活、富于变化，适合表现较为复杂和丰富的场景，两点透视在结构上比一点透视多一点美感，运用范围也比较广泛。

缺点：因为有两个消失点，运用和掌握起来比较难，绘图时，如果角度掌握得不好，会有一定的变形。

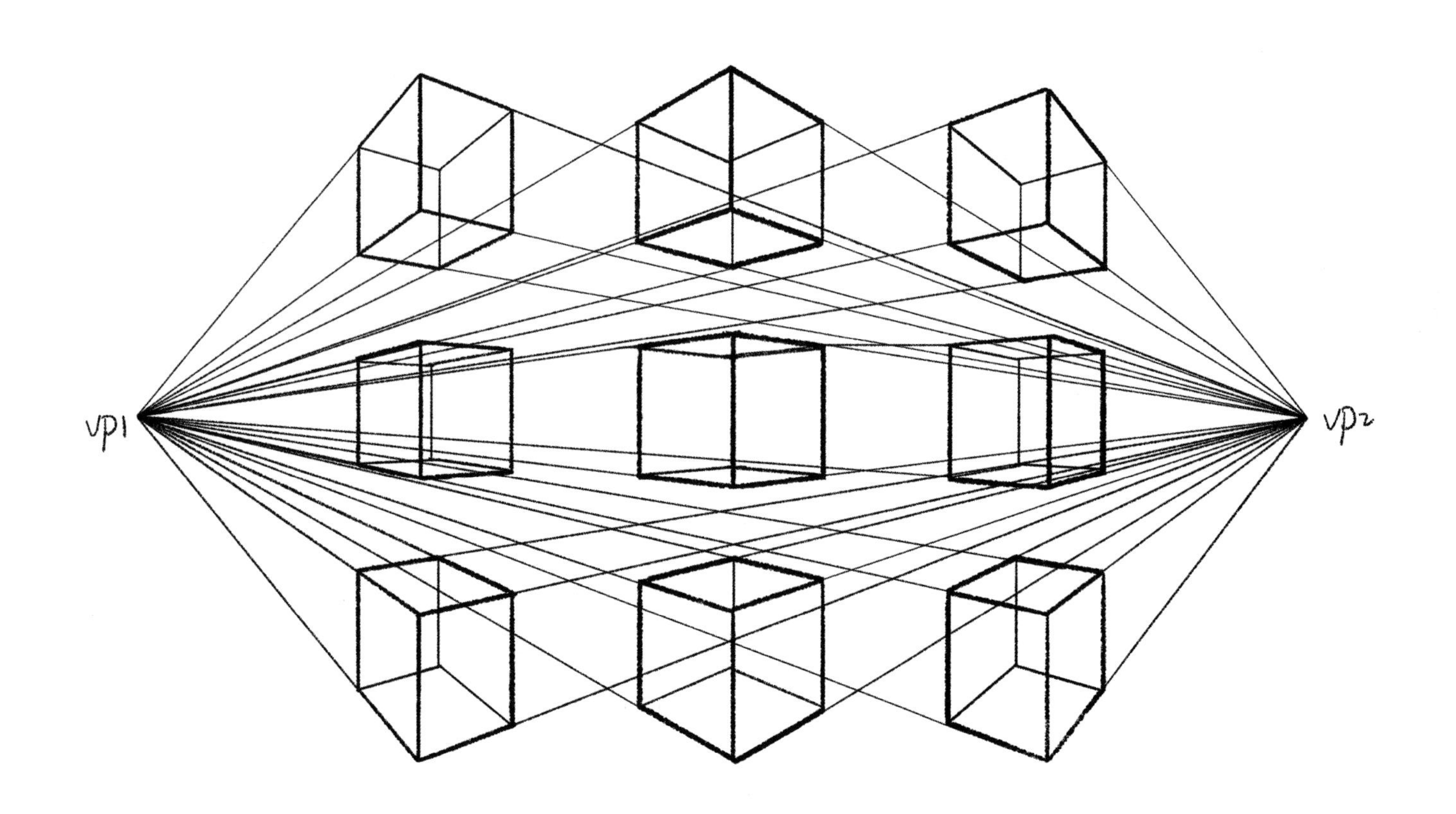

5.2.2 两点透视线稿绘制步骤

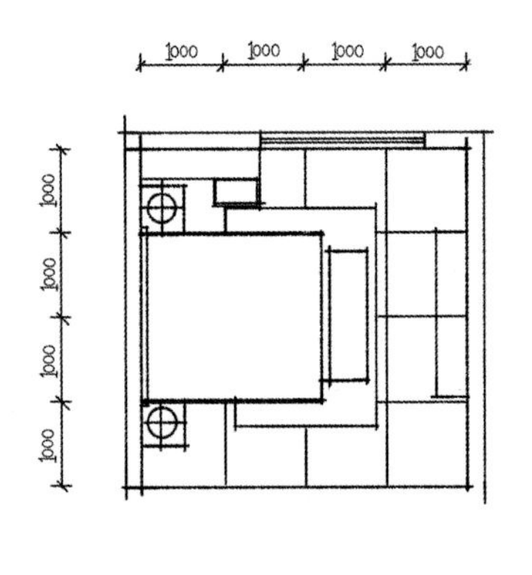

步骤 1

根据平面图先确定 3m 的层高和灭点 vp1、vp2。

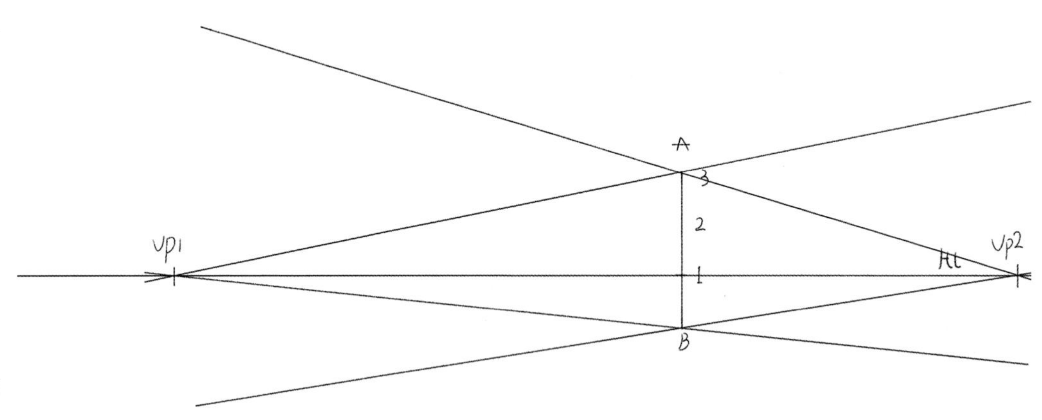

步骤 2

灭点向 AB 进行延伸作出天棚线和地面线。

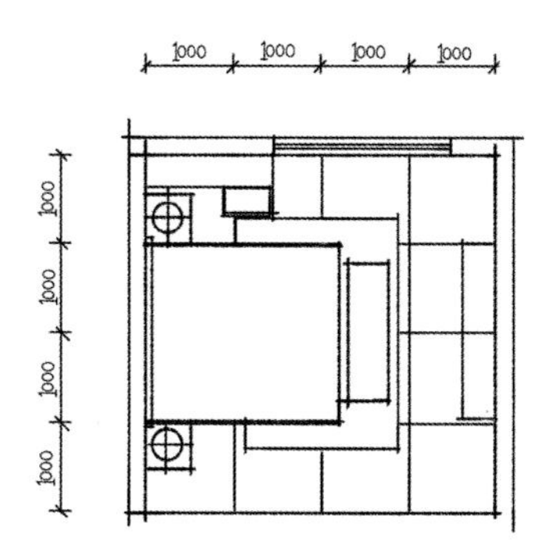

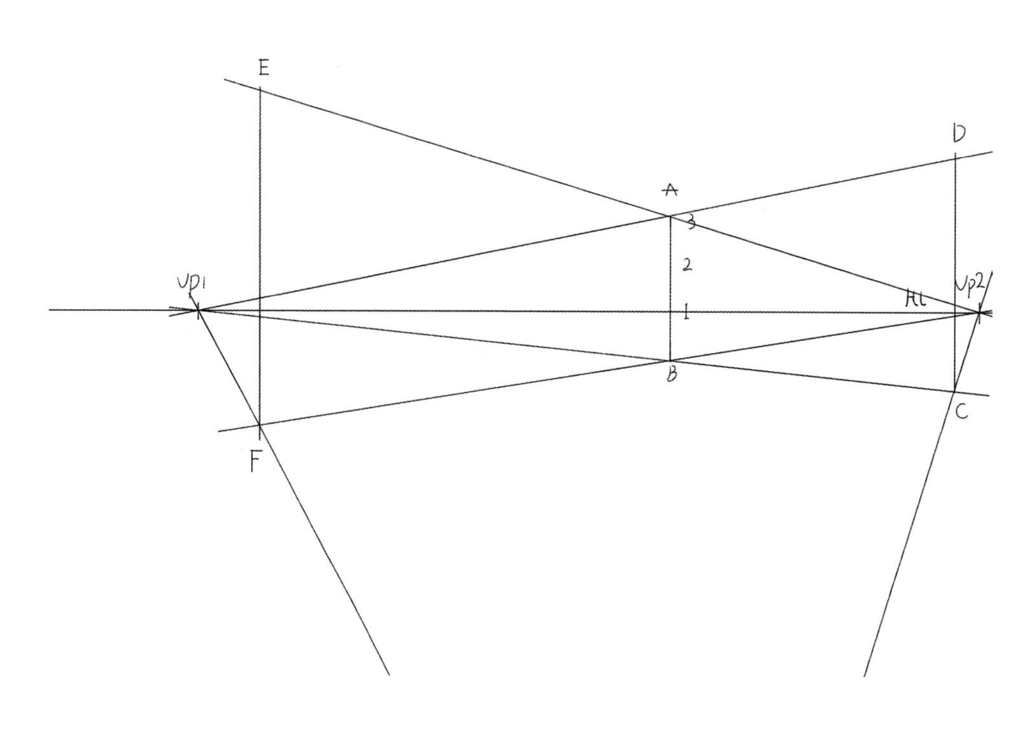

步骤 3

由天棚线作垂线，形成完整的透视空间。

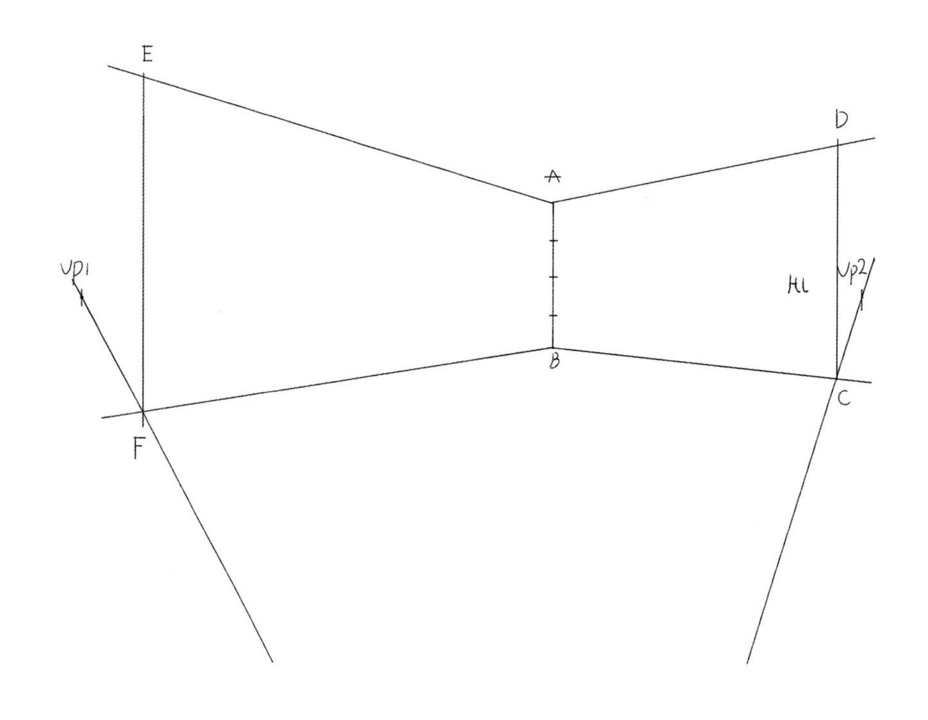

步骤 4

擦掉多余的辅助线，将 AB 进行 4 等分。

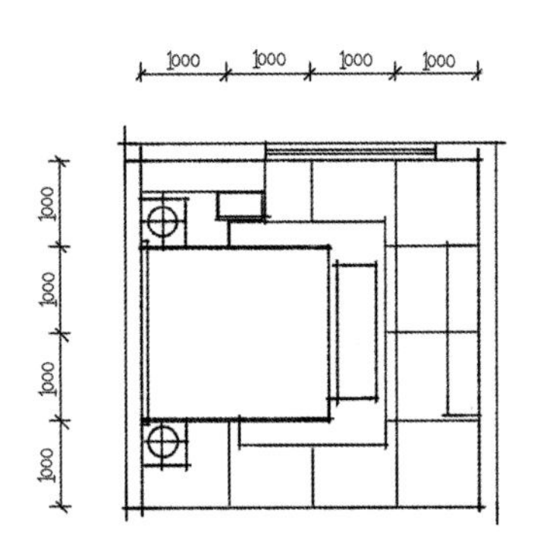

步骤 5

过灭点 vp1 连接等分点，并画出地面透视线。

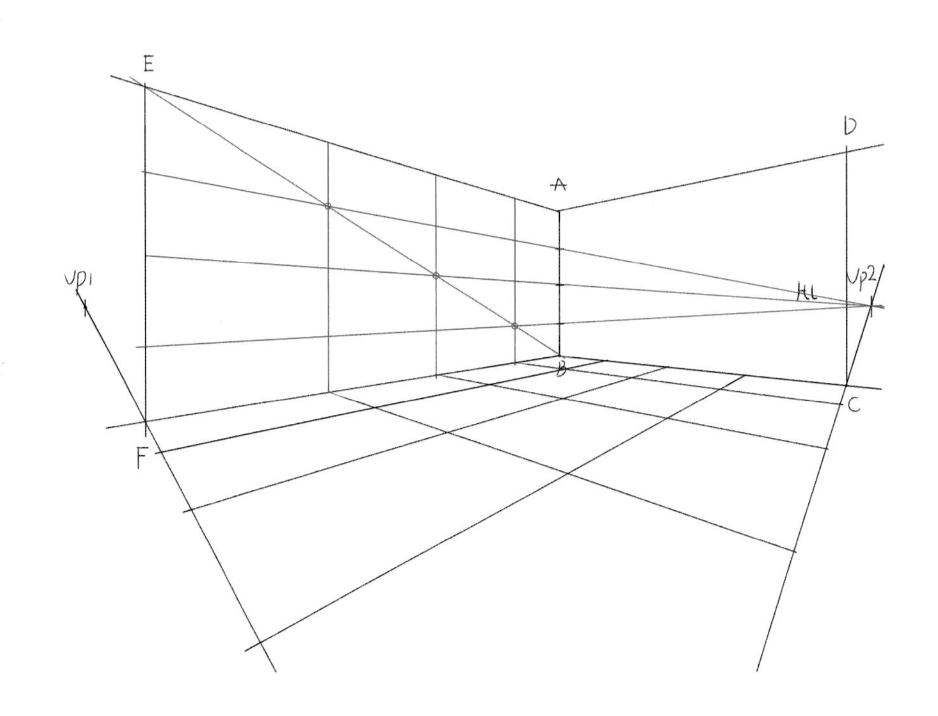

步骤 6

过灭点 vp2 连接等分点，并画出地面透视线。

步骤 7

擦掉多余的线。

步骤 8

根据平面图确定家具的具体位置。

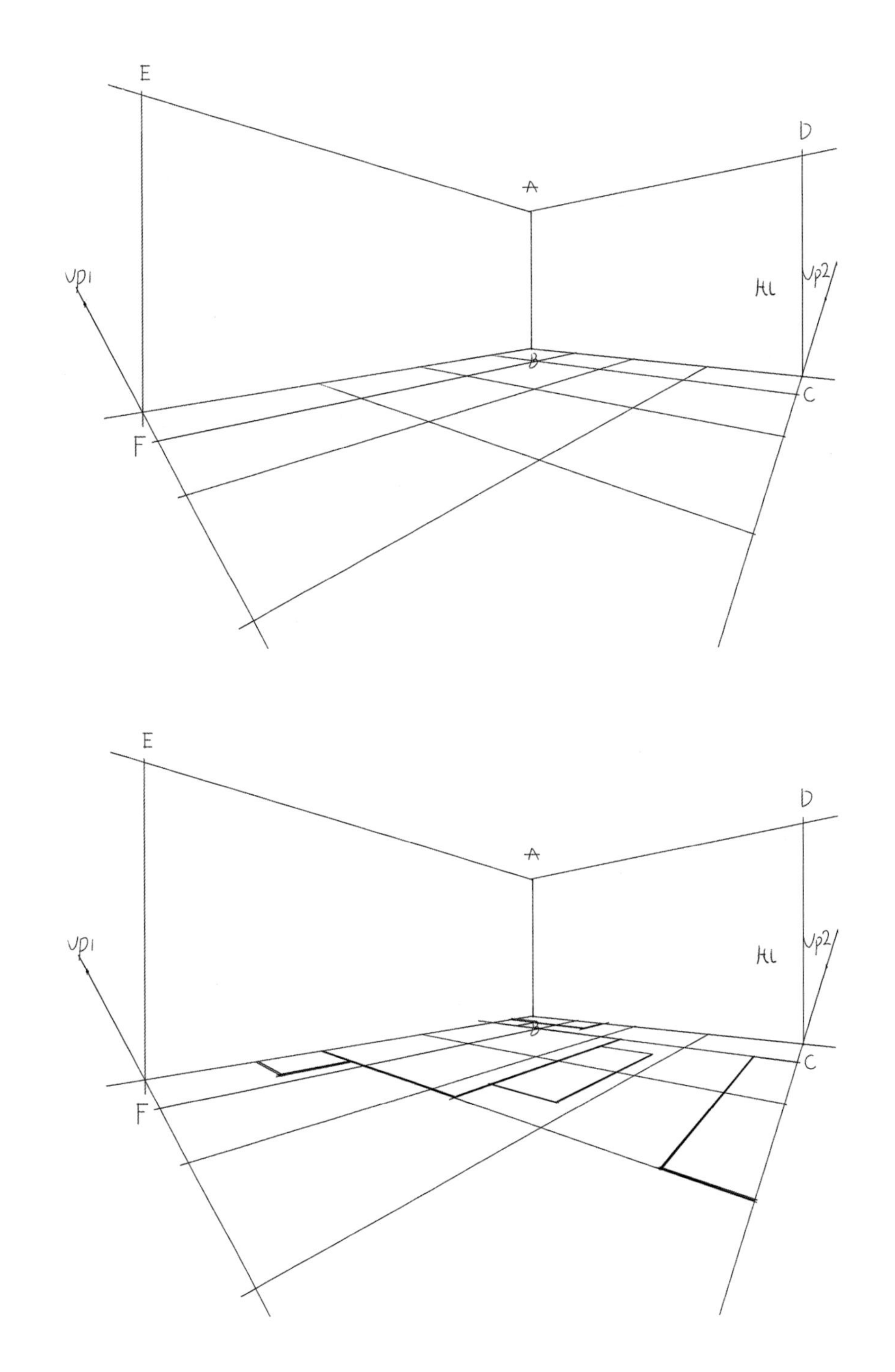

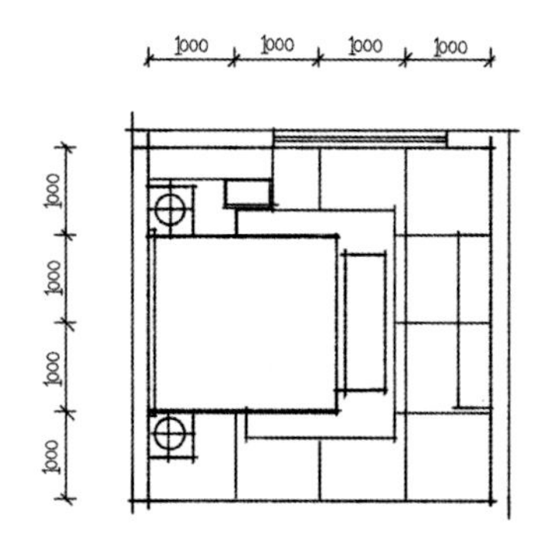

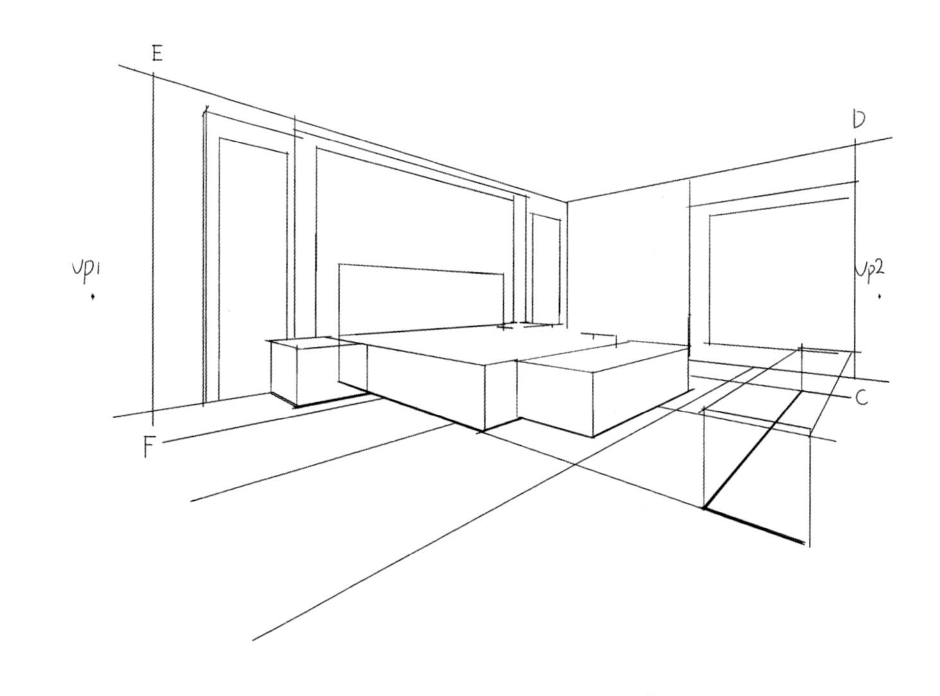

步骤 9

根据常用尺寸确定家具高度和空间位置。

步骤 10

对家具陈设进行进一步刻画，完善空间。

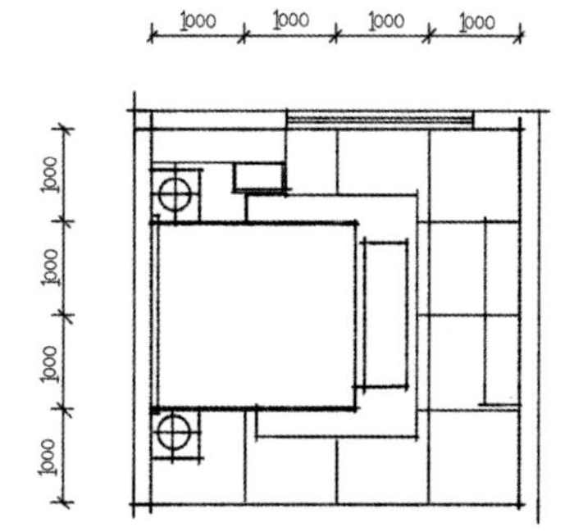

步骤 11

用绘图笔勾勒出主要的结构线条，完成之后擦掉铅笔稿，强化明暗关系，深入刻画细节，注意线条的虚实关系。

5.3 一点斜透视线稿表现

5.3.1 一点斜透视概念

严格来讲，一点斜透视就是两点透视，因为它有两个灭点。但是它的画法介于一点透视和两点透视之间。

特点有以下三点：

（1）透视基面向侧点变化消失，画面当中除消失心点外，还有一个消失侧点。

（2）所有垂直线与画面垂直，水平线向侧点消失，纵深线向心点消失。

（3）画面形式相比平行透视，更活泼，更具表现力。

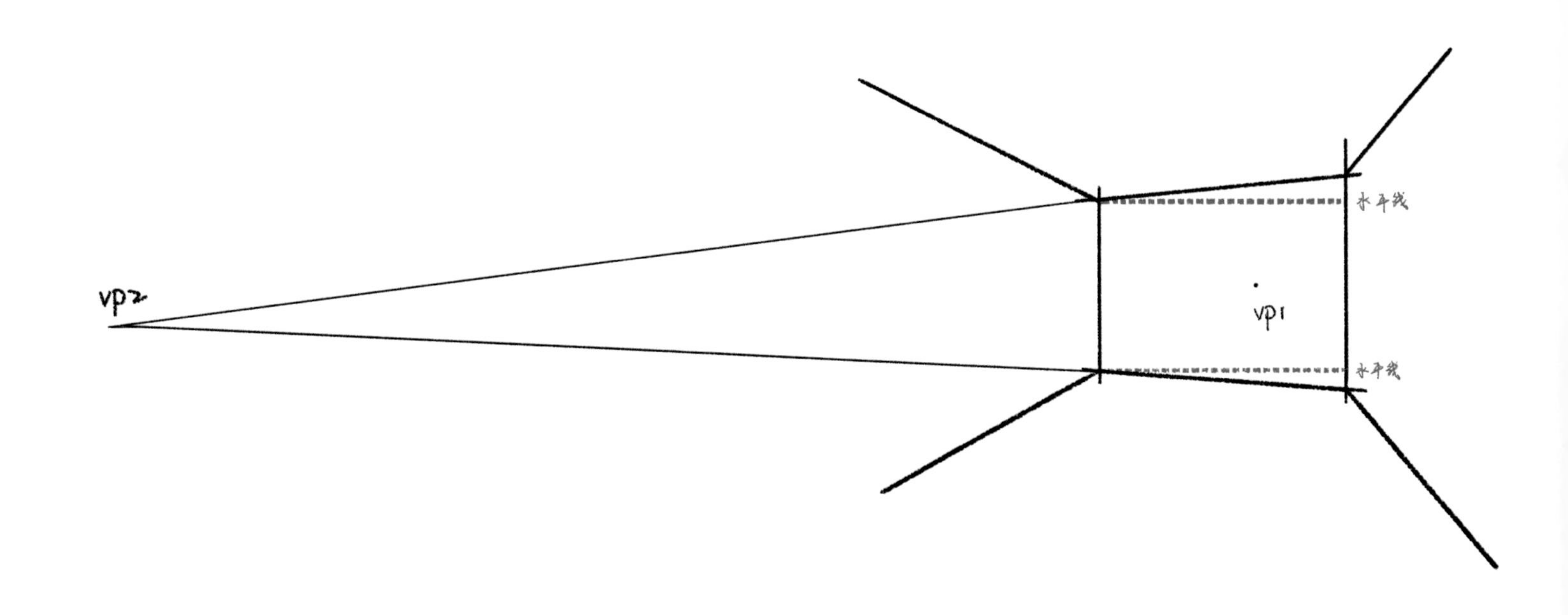

5.3.2 一点斜透视线稿绘制步骤

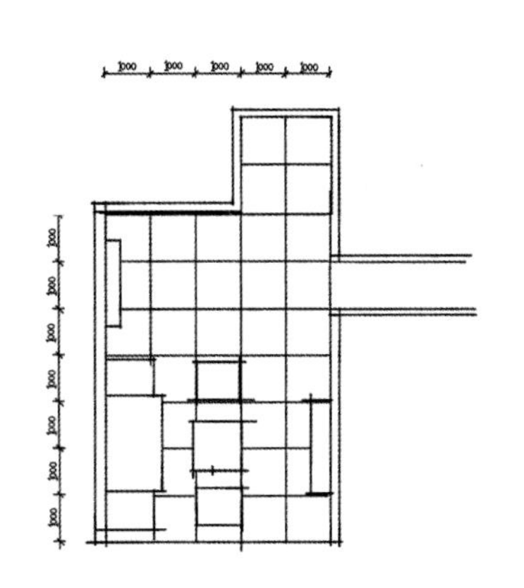

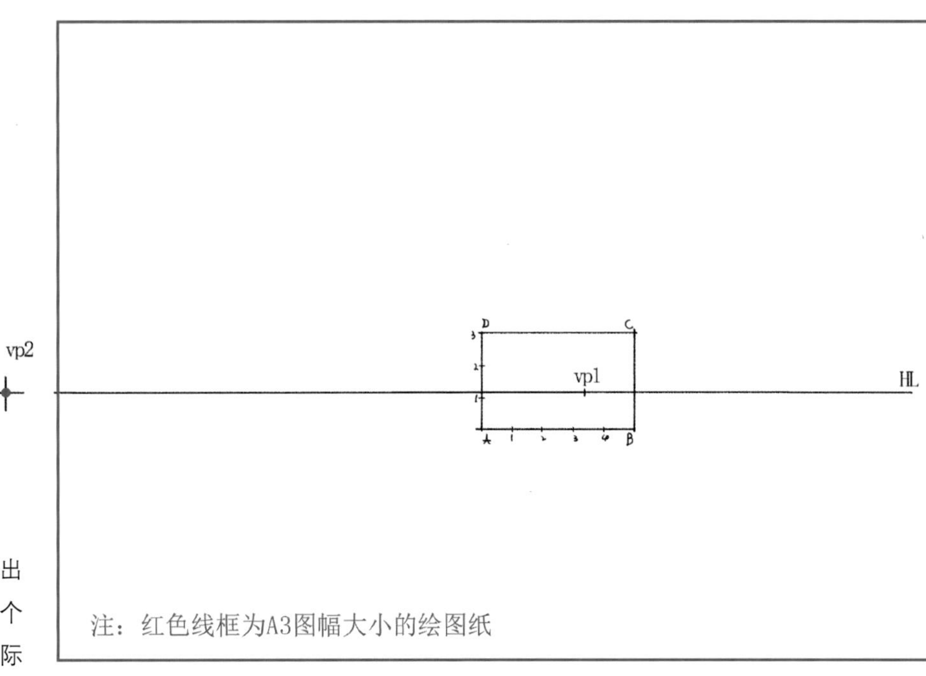

步骤 1

根据平面图，画出墙面，定出视平线 HL，定出两个灭点 vp1 和 vp2。因为一点斜透视有一个灭点 vp2 在绘图纸外，所以在绘制时不用实际标出。

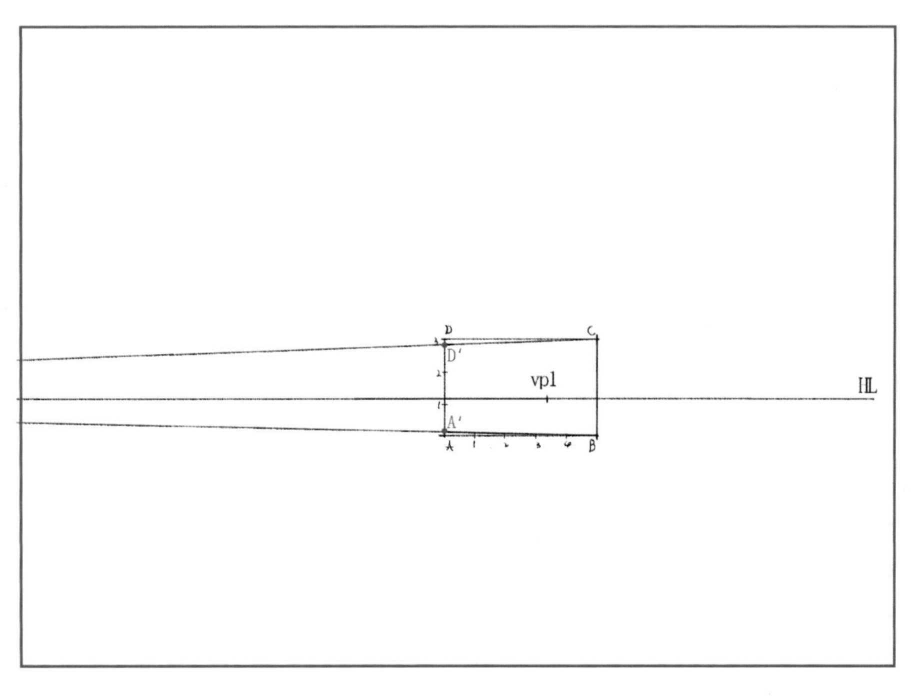

步骤 2

过 vp2 分别连接 B、C 两点，形成一点斜透视，得到 A'、D ' 两点。

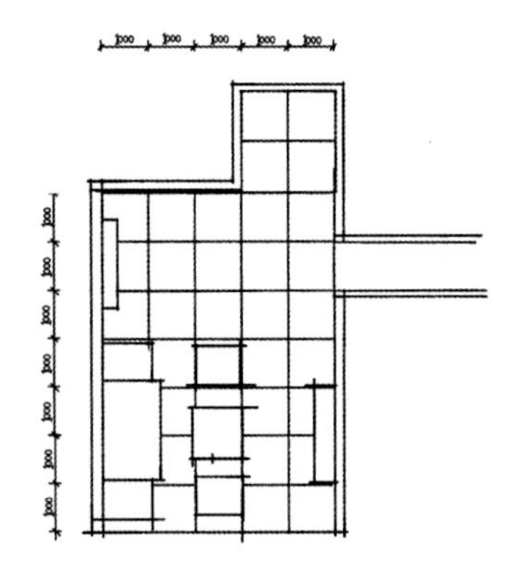

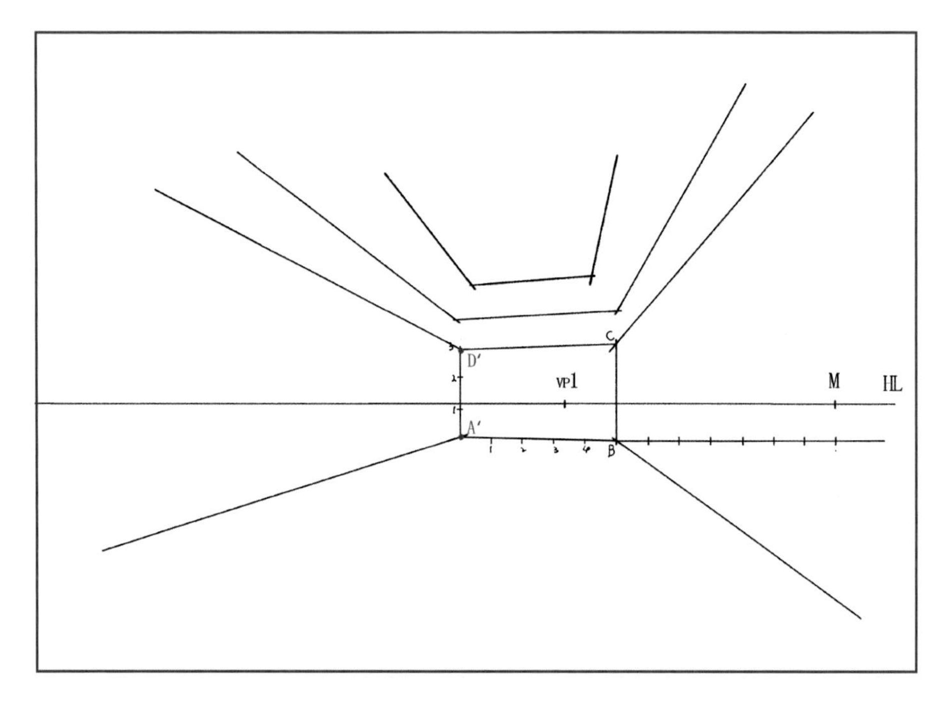

步骤 3

过 vp1 连接四个点，得到天棚线、地面线和进深空间。将 A' B 延长 7 个单位得到 M 点（因为空间进深为 8 米，所以也可以延长 8 个单位，小阳台 2 米进深暂时忽略）。

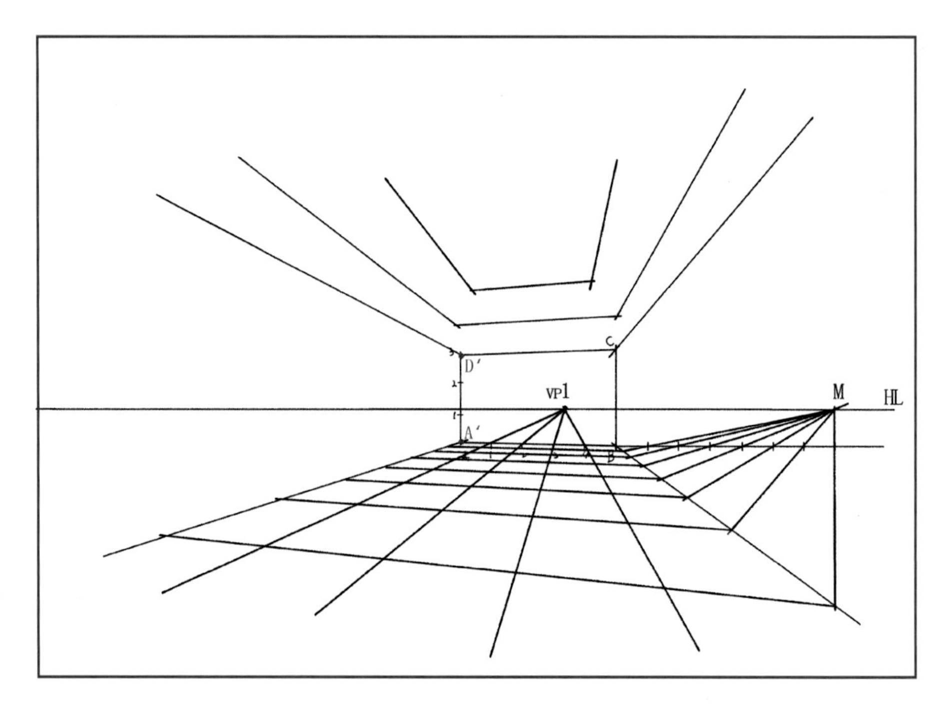

步骤 4

将 M 点分别连接这 7 个点，并延长，与地面线相交，再将交点与 vp2 相连，并画出地面透视线。

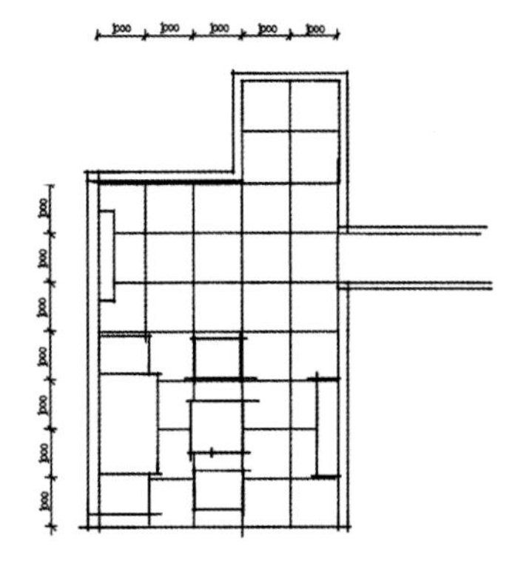

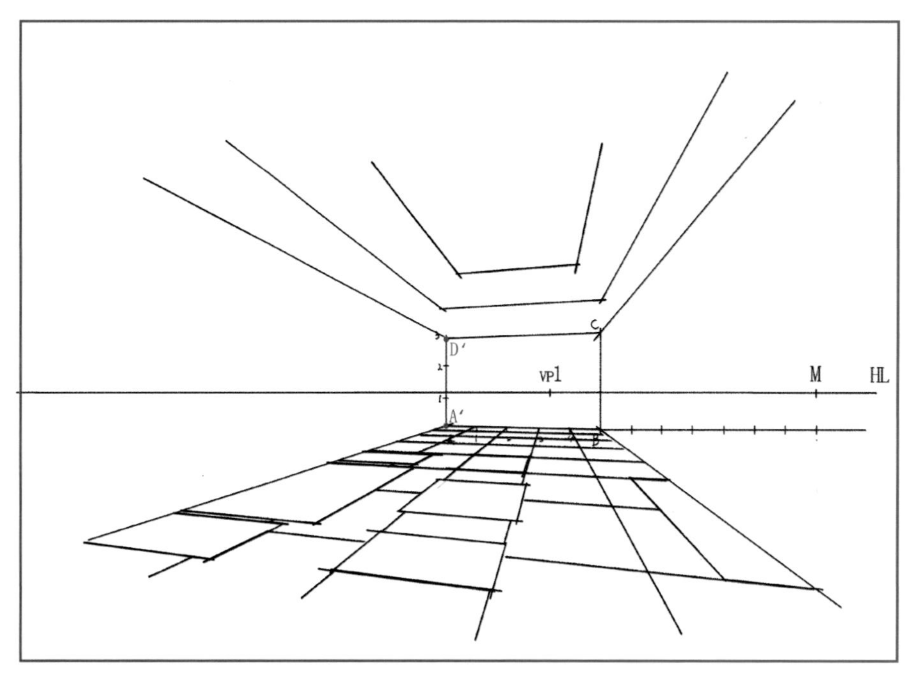

步骤 5

根据平面图，按透视关系确定家具陈设的空间位置。

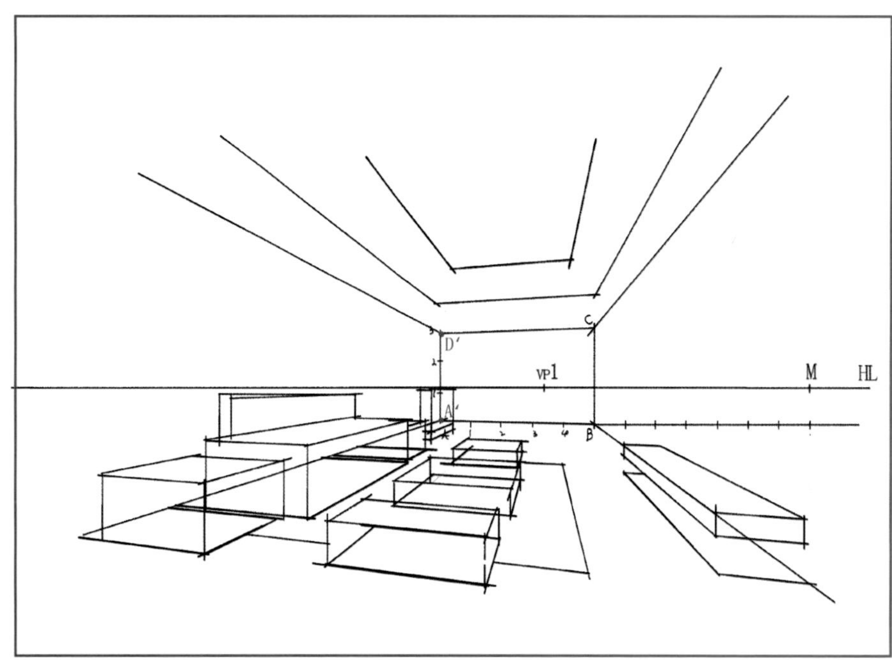

步骤 6

根据常用家具尺寸，参考 A' D' 或 BC 的高度来确定床、沙发、柜子等物体在空间中的高度位置，把这些家具表现出来。 根据透视关系，完成其他物体的刻画。

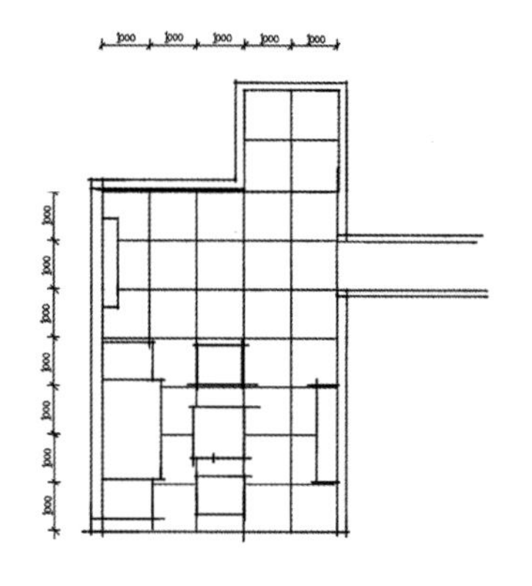

步骤 7

按比例画出阳台进深，对家具陈设、顶面、地面进行进一步刻画，这一步着重刻画物体的材质，完善空间。

步骤 8

用绘图笔强化主要的结构线条，完成之后擦掉铅笔稿。强化明暗关系，深入刻画细节，适当刻画射灯的效果，注意线条的虚实关系。

06

马克笔及彩铅着色详解

Day
8

6.1 马克笔着色技巧详解

6.1.1 马克笔分类

随着工业科技的发展，马克笔是一种新型的书写、绘画工具，名字源于“Marker”，俗称记号笔。马克笔具有非常完整的色彩系统，可供设计者使用。它是一种速干、稳定性高的绘画工具，在设计行业具有广泛的运用，是设计者表现设计概念、方案构思的高效工具。同时，它也被越来越多的绘画艺术家所喜欢和使用，创作出了众多的马克笔绘画作品。

按笔头分

纤维型笔头

纤维型笔头是现在使用最多的，它具有笔触硬朗、锋利，色彩均匀等优点。笔头是多面的，随着笔锋的转动，能画出不同宽度的笔触。纤维型笔头适合空间体块的塑造，适用于建筑设计、室内设计、工业设计、产品设计的效果图表现。

发泡型笔头

发泡型笔头也较为常用，它比纤维型笔头更宽，笔触柔和，过渡自然，色彩饱满，非常适合表现园林、景观、水体、人物，多用于景观、园林、服装、动漫等相关专业。

按墨水分

油性马克笔

油性马克笔着色后快干，材质耐水，颜色多次叠加后不会伤纸，颜色柔和，但味道刺激性较大。

酒精性马克笔

酒精性马克笔可在任何光滑表面书写，着色后快干，材质耐水，环保。它的主要成分是酒精、树脂。它的墨水具有挥发性，应于通风良好处使用，使用完需要盖紧笔帽，远离火源并防止日晒。

水性马克笔

水性马克笔具有颜色亮丽、透明感强等特点。缺点是多次叠加颜色后，色彩相对灰暗，而且容易损伤纸面，难以掌握。

选择马克笔时，一定要知道马克笔的特性，以及最终呈现在纸面上的效果。哪种马克笔更适合初学者呢？具体分析如下所示。

油性马克笔优点：色彩饱满，覆盖力强，不易掉色。

酒精性马克笔优点：颜色清淡，与彩铅搭配使用效果更好，层次感强。

水性马克笔优点：颜色清淡，似水彩。

所以建议初学者使用酒精性马克笔。

马克笔品牌介绍

国外品牌

（1）美国 AD，属于油性马克笔，发泡型笔头，价格较为昂贵，但效果较好，颜色近似于水彩的效果，每支售价 18~20 元。

（2）美国三福 SANFORD，属于油性马克笔，发泡型笔头，双头，可以通过变化笔头角度画出不同的笔触效果，颜色较为柔和，每支售价 8~12 元。

（3）美国犀牛 Rhinos，属于油性马克笔，发泡型笔头，双头，笔头较宽，色彩饱满，性价比较高，每支售价 8~10 元。

（4）日本 COPIC，属于酒精性马克笔，纤维型笔头，快干，混色效果好，每支售价 28~30 元。

◆美国 AD 油性马克笔

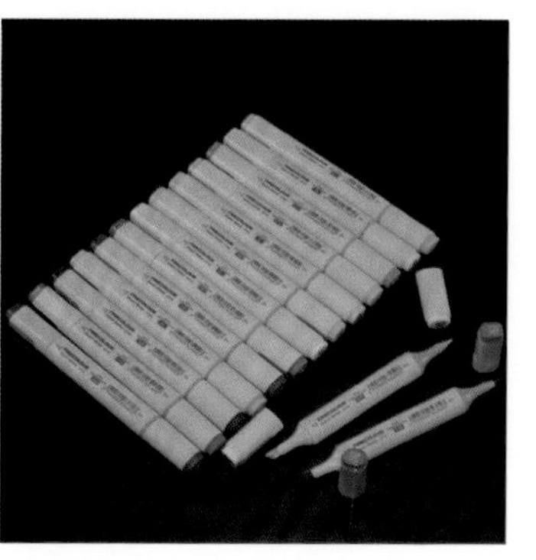

◆法卡勒酒精性马克笔

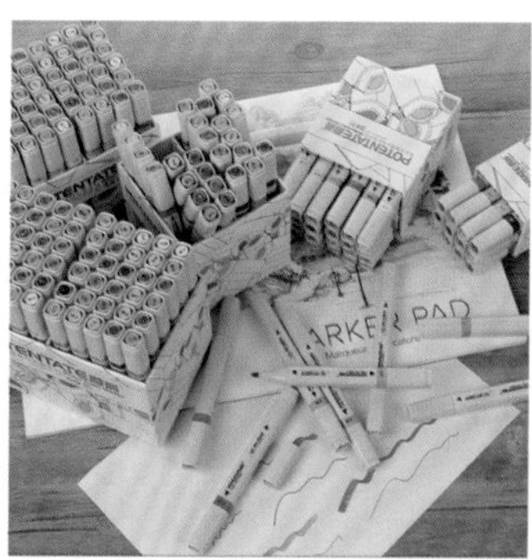

◆遵爵双头水性马克笔

国内品牌

（1）法卡勒，属于酒精性马克笔，纤维型笔头，价格合理，效果很好，每支售价 4 元左右。

（2）斯塔，属于酒精性马克笔，纤维型笔头，价格便宜，效果良好，每支售价 3 元左右。

（3）凡迪 FANDI，属于酒精性马克笔，发泡型笔头，价格便宜，适合学生、初学者练手，每支售价 3 元左右。

（4）遵爵，属于水性马克笔，整体颜色较浅，不适合快题考试，售价每支在 3 元左右。

资料参考：https://wenku.baidu.com/view/68b1fb036edb6f1aff001f91.html?fr=income1-wk_app_search_ctr-search

6.1.2 马克笔特性

对于设计者来说，马克笔是非常高效的表现工具，它具有色彩丰富、干净、清晰，使用方便，笔触快捷概括等优点，并且表现效果具有较强的时代感和艺术感。

马克笔色彩清新、通透，笔触极其丰富，使用方便，便于携带，是设计者必备的工具。同时，马克笔也是设计类学生考研必备的工具。马克笔笔尖有楔形方头、圆头等多种形式，可以画出粗、中、细不同宽度的线条，通过不同的排列组合，可以呈现出不同的明暗效果和笔触，具有较强的表现力。每一支马克笔的颜色是固定的，在一百多种色彩的笔中选择画面所需要的颜色，通过笔触的排列、叠加来完成画面的色彩、明暗、空间效果表现。

马克笔的优点：马克笔是一种快速、简单的渲染工具，使用方便，其颜色相对稳定。快速表达创意、大胆构思时，马克笔是首选的工具。

马克笔的缺点：使用时不易保持清晰的边缘，在快速表现中，需要用墨线适当地补充马克笔的效果，强化形体的轮廓感。马克笔不能表现所有的材质，例如在表现粗糙材质或过渡灯光时，需要采用彩铅进行柔和过渡。马克笔的色彩不易调和，在调和叠加的时候，需注意用笔的轻重、缓急。需要注意冷暖叠加，使用不当可能会使画面变脏。

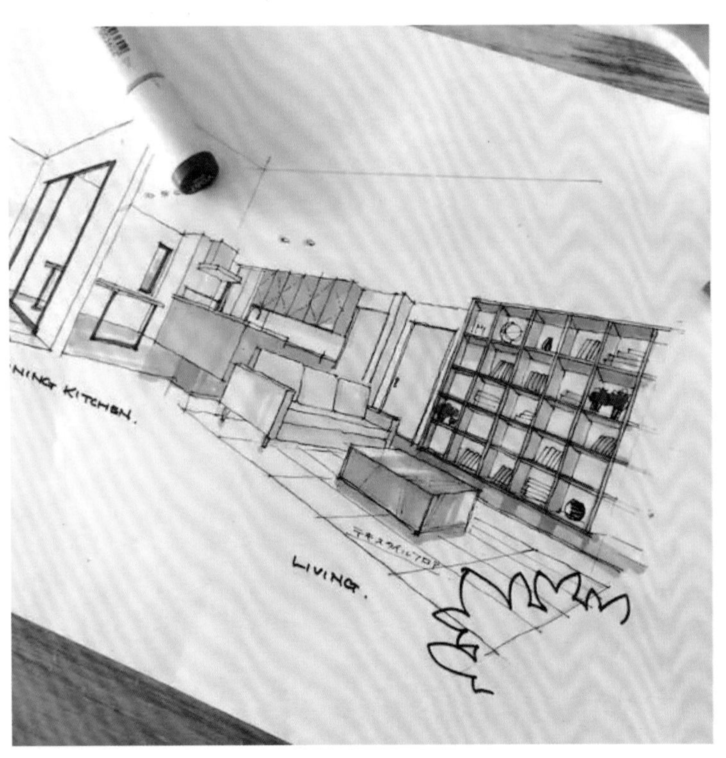

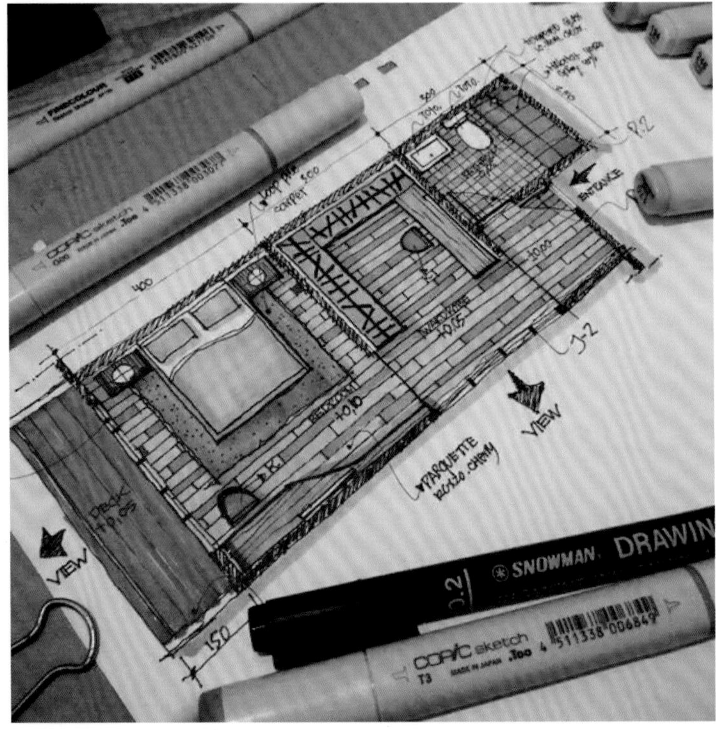

6.1.3 色彩知识

色彩是构成物体和空间不可缺少的因素，色彩对空间塑造和环境渲染尤为重要。设计者可以利用色彩来表现和完善自己的设计意图，强化设计效果。所以在进行色彩练习时，要根据自身专业的特点，有针对性地进行色彩训练。

从科学的角度来分析色彩，色彩的基本规律和内在联系是学习色彩的重点。

色相、明度和纯度是构成色彩的三大基本要素。色相是指不同色彩的名称，不同的色相可以理解为不同的颜色，它是色彩的最明显的特征。红、橙、黄、绿、青、蓝、紫是色彩最基本的色相，色相让自然界变得五彩缤纷。明度又称为“光度”或“亮度”，它是指色彩的明亮程度。因为不同的有色物体在反射光亮上会有所差别，所以在颜色上会产生明暗强弱。明度分为高调、中调、低调三大调子，三大调子可以分别呈现不同的时间、气氛。例如，阳光明媚的天气可用高明度的基调，阴天、光线不强时可用中明度的基调，而傍晚和夜晚则可用低明度的基调。纯度又称为“饱和度”，是指色彩的纯净程度，它表示颜色中所含有色成分的比例，比例越大，色彩纯度越高，比例越小，色彩纯度越低。

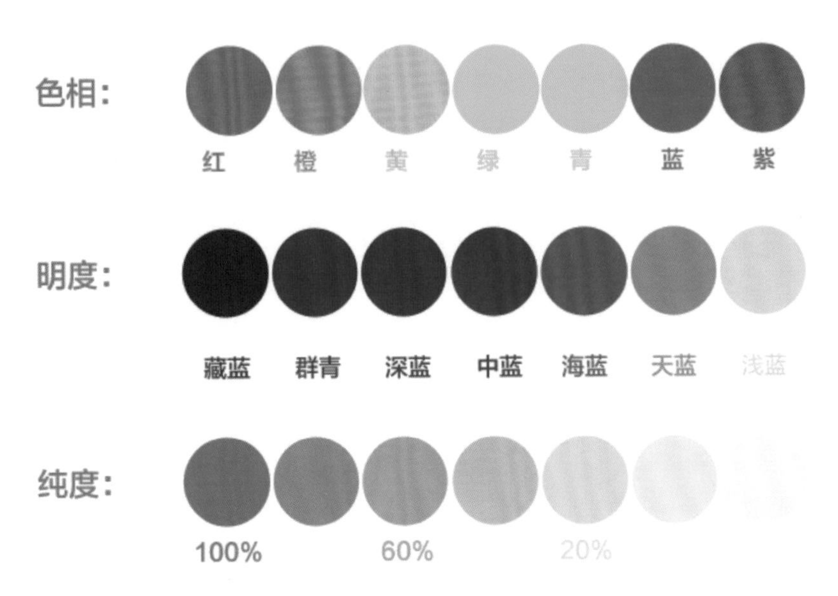

除了三大基本要素，色彩依据不同的属性还有多种分法：依据人们对不同的色彩产生的感觉和联想，可分成冷色系和暖色系；依据物体总处于某种光线的照射下，并受到周围环境的影响，可分为固有色、光源色和环境色。同时，物体离人们近时显得暖、亮、清晰、对比强，物体离人们远时则显得冷、灰、模糊、对比弱。作为设计者，必须运用科学的逻辑思维方式，对色彩的基本要求进行合理的选择和组织，从而使手绘表现达到科学性、艺术性的完美结合。

6.1.4 马克笔技法

笔触形式

马克笔的笔触表现应该具有肯定性，马克笔应当下笔准确、肯定，不拖泥带水。干净而利索的笔法符合马克笔的特点，在下笔前应该对色彩的特性、运笔方向、运笔长短都要考虑清楚，避免犹豫，避免笔调琐碎、磨蹭、迂回，最终达到运笔流畅、一气呵成的效果。马克笔常用的四种笔法：摆笔、扫笔、点笔、揉笔。

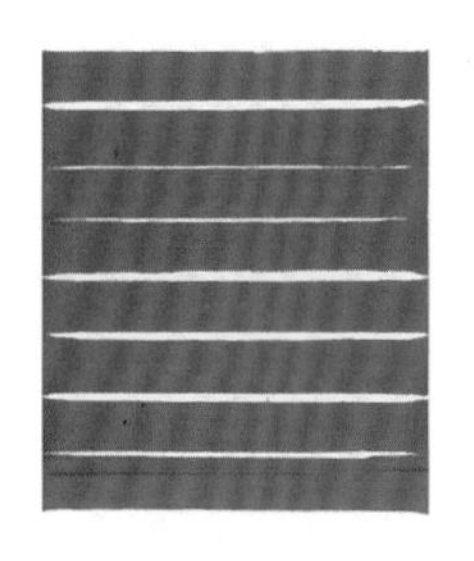

摆笔

摆笔是马克笔最常用的笔法。这种笔法较为简单，沿着一个方向排列，画的时候注重画面效果，尽量统一，避免长短不一、参差不齐。摆笔的时候注意用笔要快速、明确、流畅，同时也要有力度。排列的线条应该有起笔和收笔的痕迹，如果运笔较慢会形成晕染，尽量不要停顿，最终形成行云流水的感觉。摆笔笔法适合室内空间墙面、地面、顶面等比较大的块面塑造，笔触应该做到工整、协调、统一。

扫笔

扫笔是在摆笔过程中速度更快的笔触形式，在起笔后立刻收笔形成虚化效果，必须保证看不到收笔笔触，整个线条有从实到虚的感觉。扫笔有长有短，注意控制收笔时机。扫笔适合画物体亮面、灯光阴影、水面，等等。

点笔

点笔也是常用的一种笔触形式，成点状或块状，使用比较灵活，同时需要考虑整体性，不能滥用。点笔常用来表现小物体和室内外植物，有时可以作为画面点缀，在大面积摆笔区块适当有点笔笔触。

揉笔

揉笔是刻画不规则笔触的方式，常使用马克笔侧锋进行涂抹，画出想要的形态，一般树木、云彩多用揉笔表现，应注意笔触的叠加关系，多用单色或同色系分出黑白灰对比关系。

粗细变化

马克笔的笔头呈菱形，使用笔头的不同角度可以画出不同宽度的线条。使用时要组织好宽笔触的衔接，平铺时应该对粗、中、细线条进行搭配，避免死板。

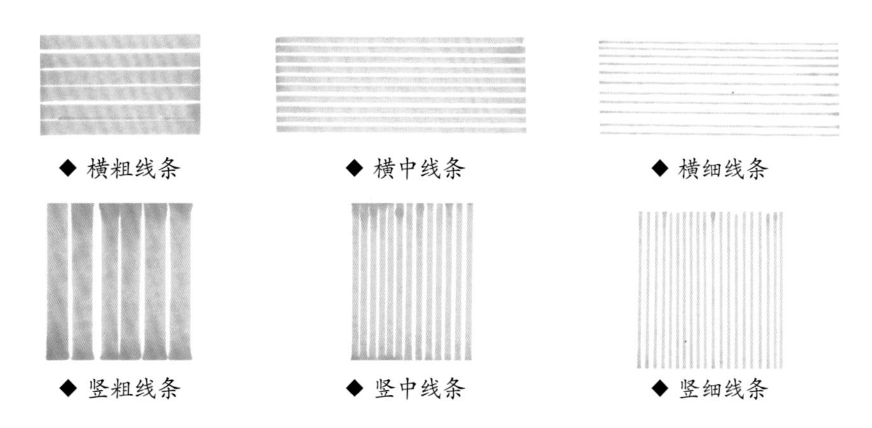

◆ 横粗线条　◆ 横中线条　◆ 横细线条

◆ 竖粗线条　◆ 竖中线条　◆ 竖细线条

退晕表现

色彩逐渐变化的着色方式称为退晕。刻画室内物体时，每个色块不要均匀着色，尽量有色相、纯度、明度上的变化，这样形成的色块颜色才会比较丰富。

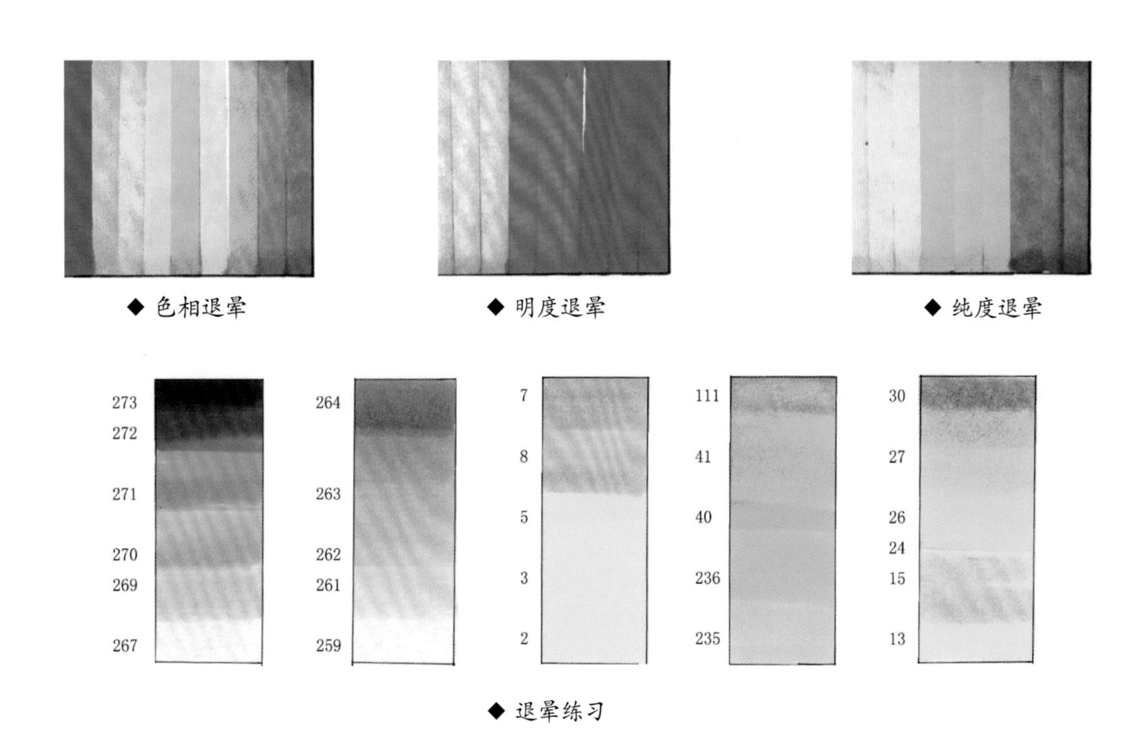

◆ 色相退晕　◆ 明度退晕　◆ 纯度退晕

◆ 退晕练习

笔触衔接

干接是指在底色干透后叠加第二种颜色，呈现出明显的笔触效果，多表现特殊质感纹理和硬性材质的光感、倒影等。

◆ 干接笔触

湿接是指在底色未干时快速叠加第二种颜色，两种色彩有相溶的效果，过渡自然，没有生硬的笔触感，浅色叠加融合深色时会显得更自然、细腻。

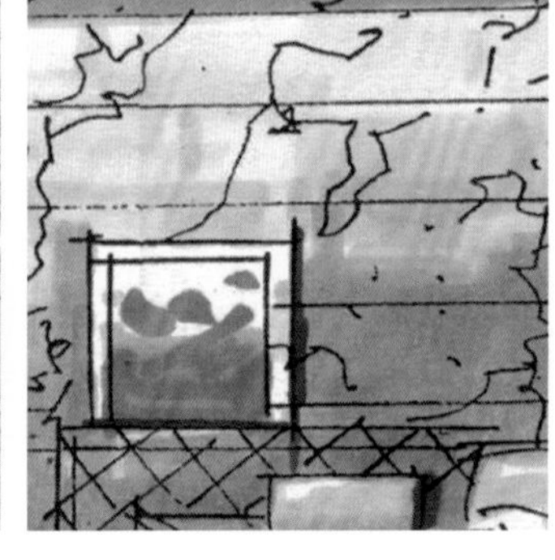

◆ 湿接笔触

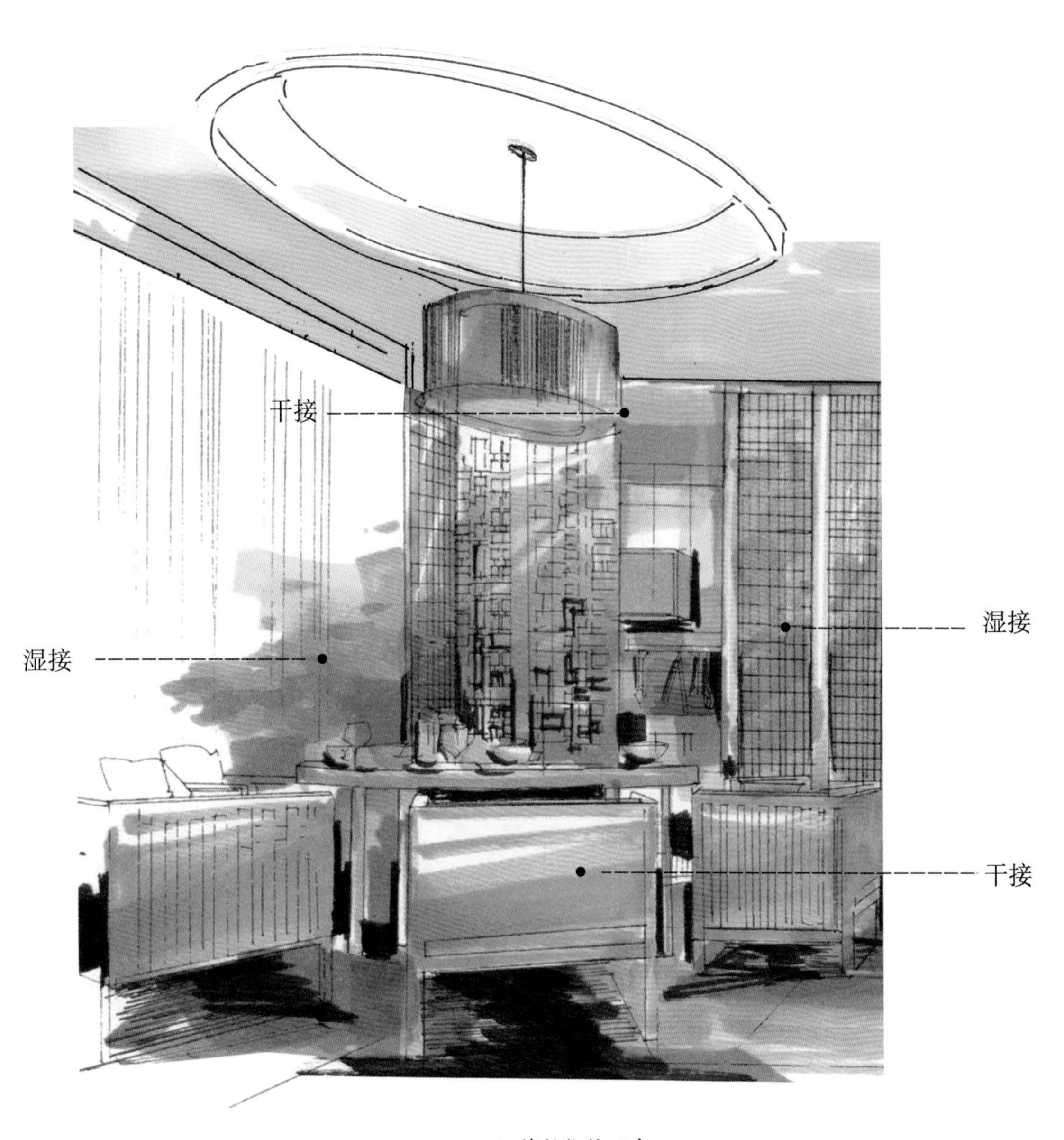

◆ 笔触衔接示意

6.2 彩铅着色技巧详解

6.2.1 水溶彩铅和油性彩铅

水溶彩铅的主要特质是绘画后，用毛笔蘸水涂抹彩铅笔触最终呈现出水彩的效果。油性彩铅是采用油性材料制作而成的，呈现浓烈、厚重的效果。水溶彩铅和油性彩铅的区别如下所示。

（1）采用水溶彩铅绘制的作品一般呈现通透、清爽的效果；采用油性彩铅绘制的作品一般呈现油亮的效果。

（2）水溶彩铅就好比是涂料，比较轻薄；油性彩铅就好比是油漆，比较厚重。

6.2.2 彩铅介绍

以辉柏嘉品牌彩铅为例。辉柏嘉品牌的彩铅分为红盒、蓝盒及绿盒三种系列，其中每个系列有 12 色、24 色、36 色、72 色、120 色等可以挑选，包装分为纸盒、塑料盒、铁盒、皮盒、木盒等。红盒又称为儿童级，适合初学者涂鸦；蓝盒为学院级，适合一般的绘画爱好者；而绿盒则是专业级，供艺术家使用。等级越高，彩铅手感越好，但价格越贵。每种级别的彩铅都可以简单分为水溶性和油溶性两种，水溶彩铅可以画出水彩的质感，颜色透明、自然；油性彩铅较为传统，笔触细腻，叠色效果好。

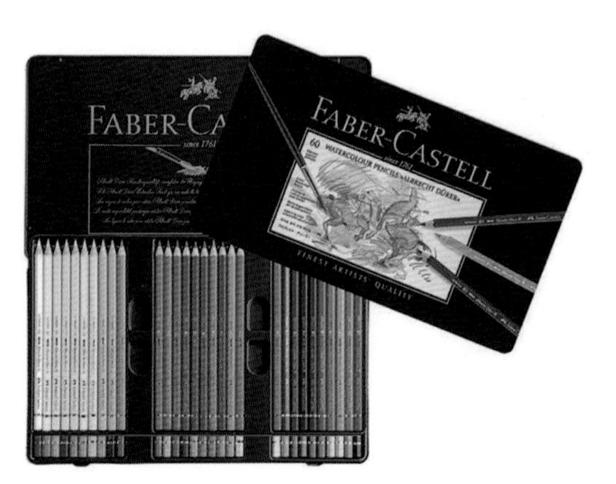

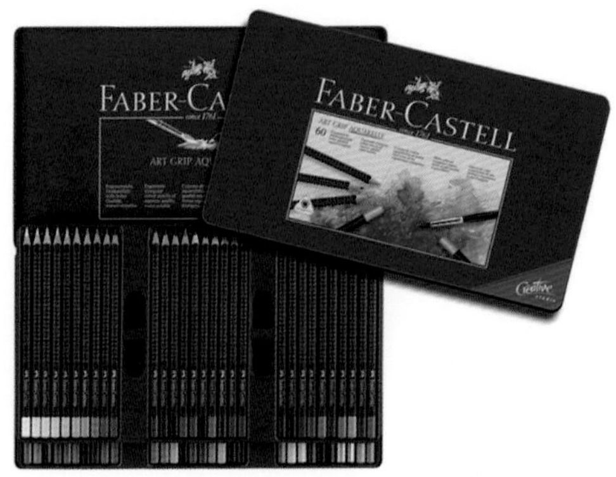

资料参考：http://c.diaox2.com/view/app/?m=show&id=1881&ch=goodthing

6.2.3 彩铅笔触

彩铅经常与马克笔搭配使用，马克笔的颜色相对强烈，所以需要采用彩铅进行过渡。彩铅的笔触相对好掌握，基本和普通铅笔类似，颜色叠加从浅到深，尽量避免不同色相的颜色大面积叠加。

◆ 彩铅颜色从浅到深变化练习

6.3 不同材质马克笔表现

6.3.1 不同材质马克笔着色表现

在表现不同的材质时，首先要考虑这种材质的质地和光泽度，先刻画材质的固有色，再叠加环境色对它的影响。同时，在转折的地方用高光笔画出高光，提升材质整体光感。

◆ 不同材质马克笔着色练习

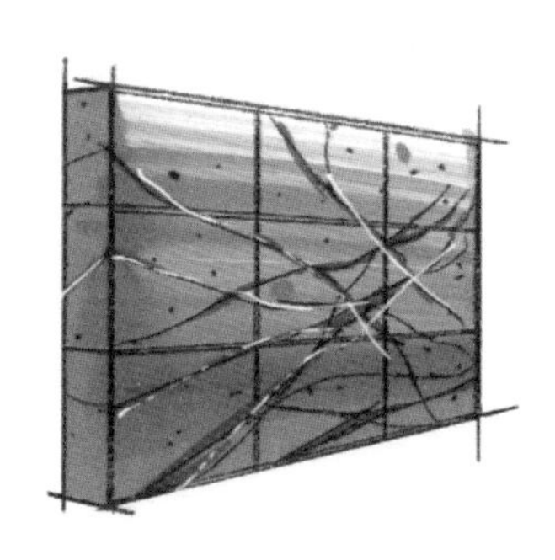
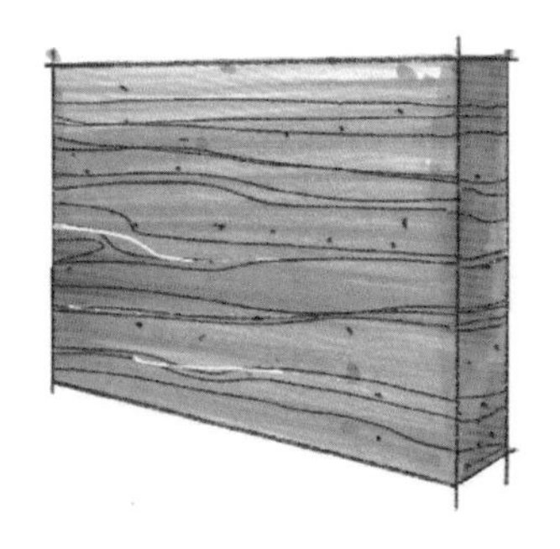
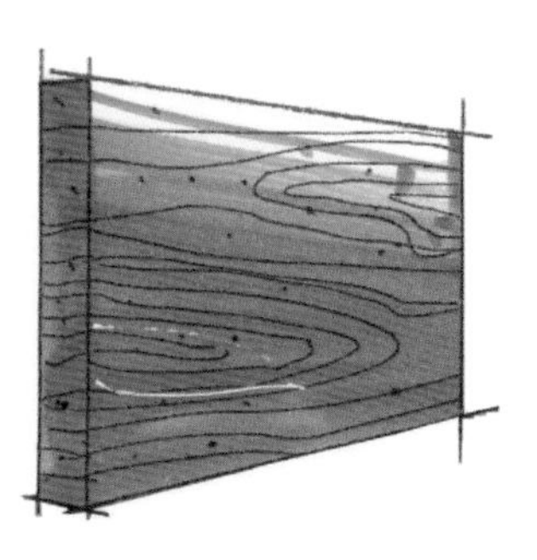

◆ 不同材质马克笔着色练习

6.3.2 家具单色材质表现

在手绘中常用一种颜色刻画出整个物体，因此，应当熟悉掌握马克笔的特性，通过运笔的轻重、缓急和笔触来表现物体的体积，家具单色材质表现可以训练使用马克笔塑造形体的能力。

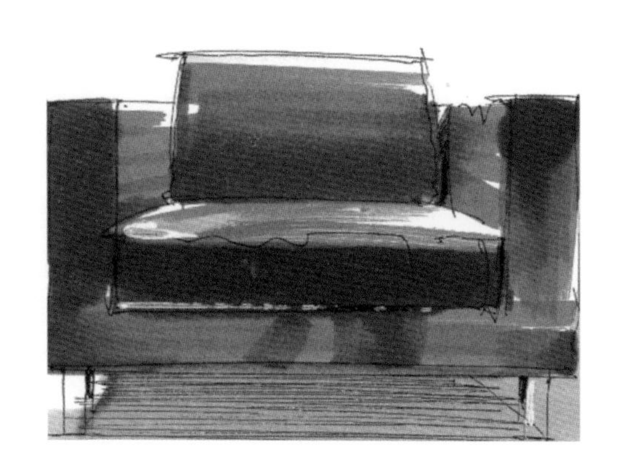
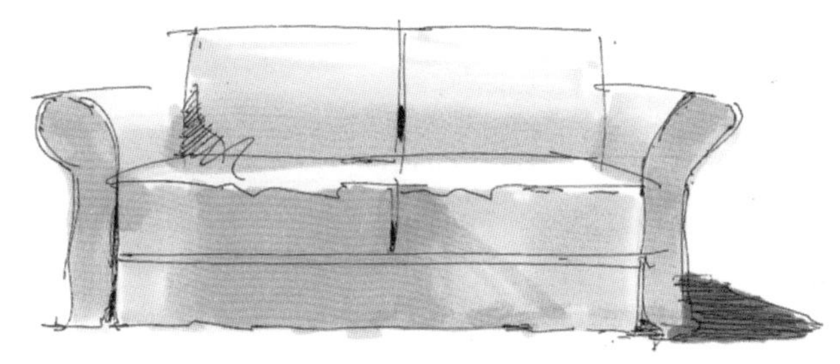

◆ 家具单色材质练习

6.3.3 不同材质在场景中的应用

沙发暗面颜色最重，灰面其次，受光面颜色最浅常运用扫笔的形式。（左图）

表现石材地面的时候，运笔需要干脆、利落，同时需要画出环境光反射的效果，在大面积横向运笔的色块上适当添加竖线笔触和高光。（右图）

◆ 不同材质练习

一种材质的物体可以通过同色系的马克笔以不同的重度和速度进行刻画，配合笔触关系可以形成既丰富又统一的质感。（左图）

茶几、桌面这种亮面的材质和石材地板的表达方式类似，垂直笔触，在重笔触旁配合条形留白，形成强烈的对比。（右图）

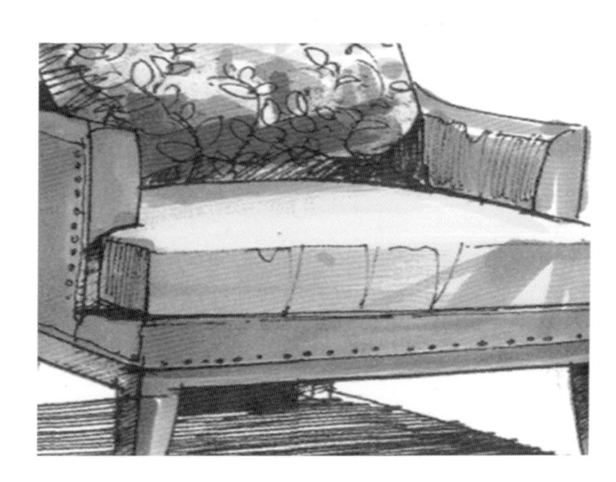

◆ 不同材质练习

07

室内家具、植物着色表现

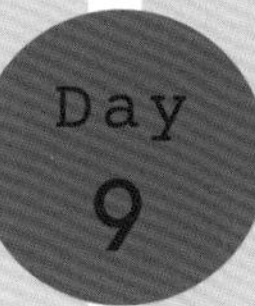

7.1 家具平面图着色表现

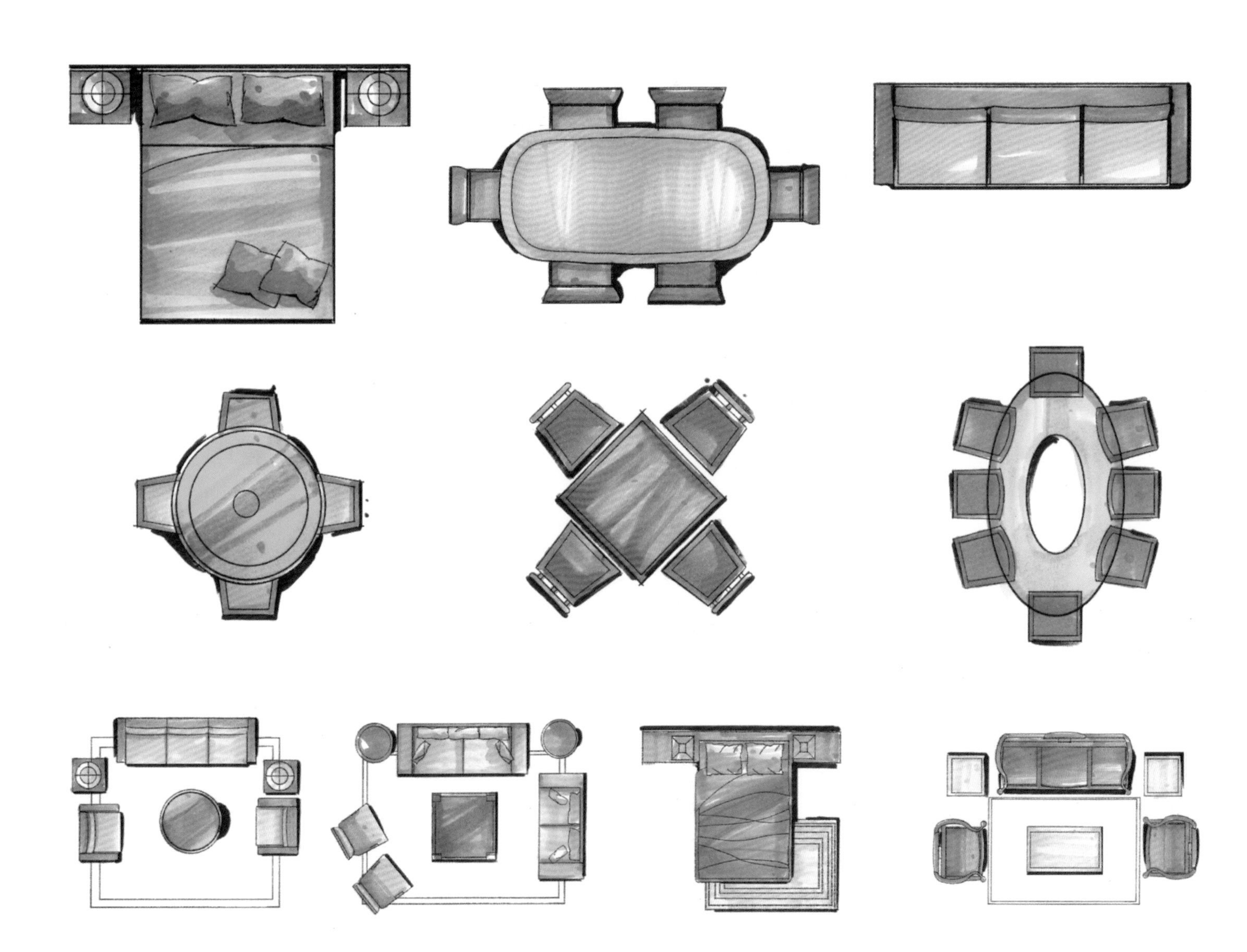

◆ 家具平面图着色练习

7.2 家具立面图着色表现

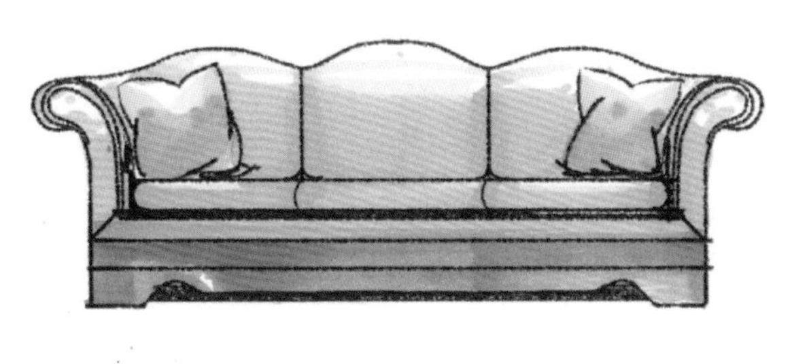

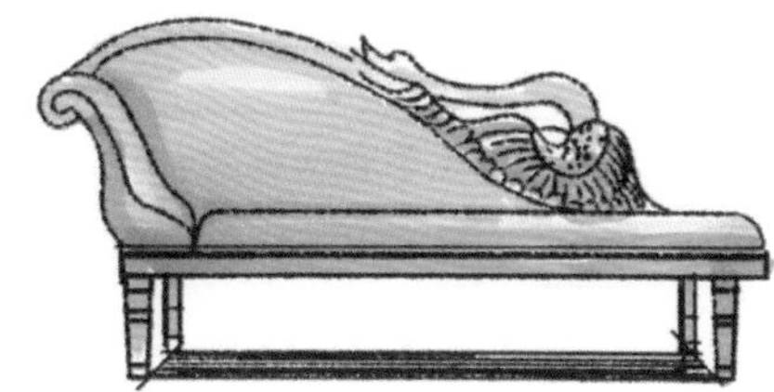

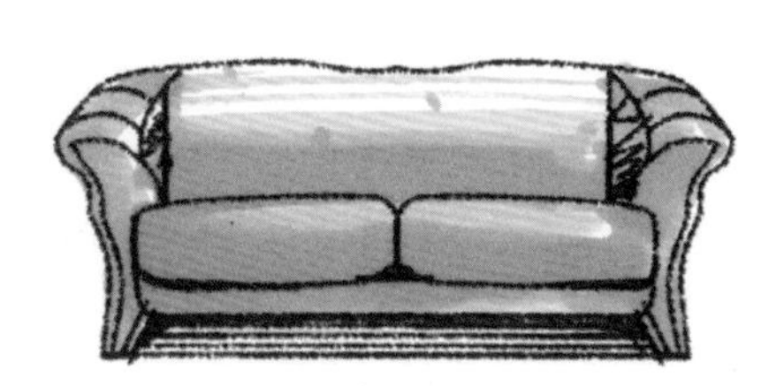

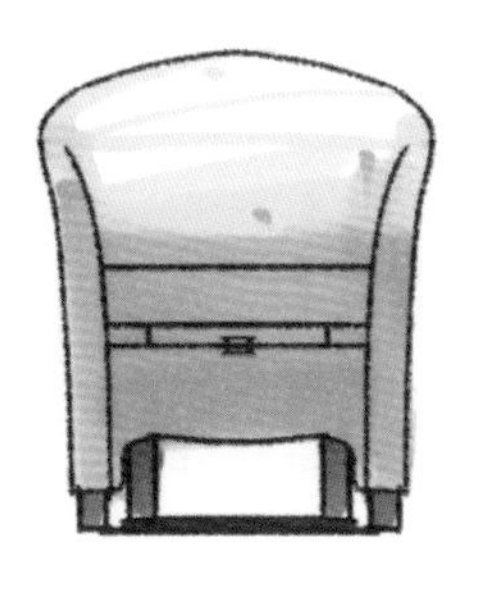

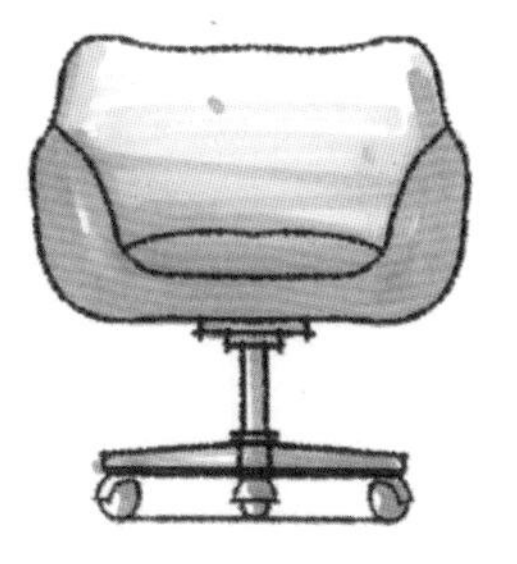

◆ 单体家具立面图着色练习

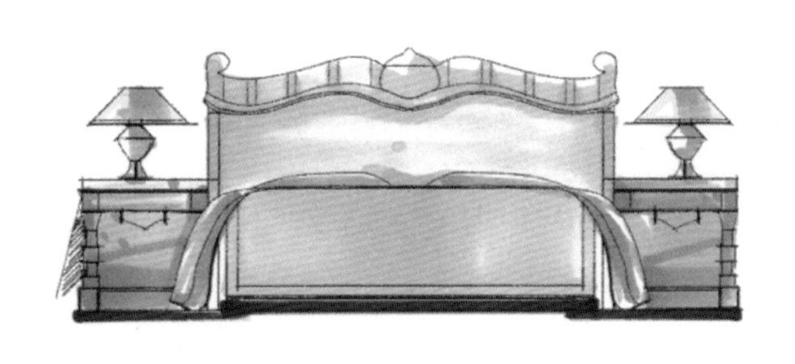

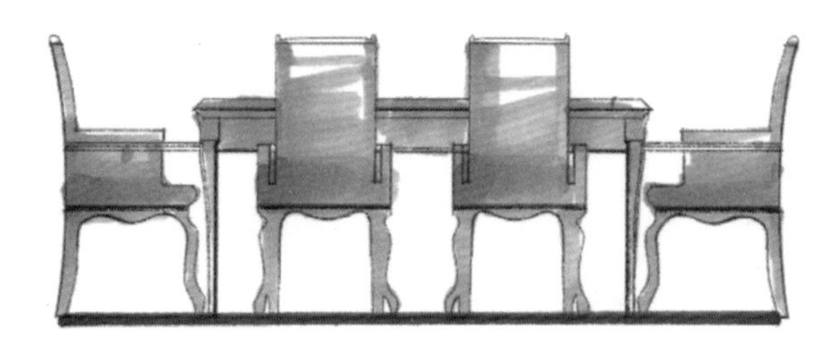

◆ 组合家具立面图着色练习

7.3 家具透视图着色表现

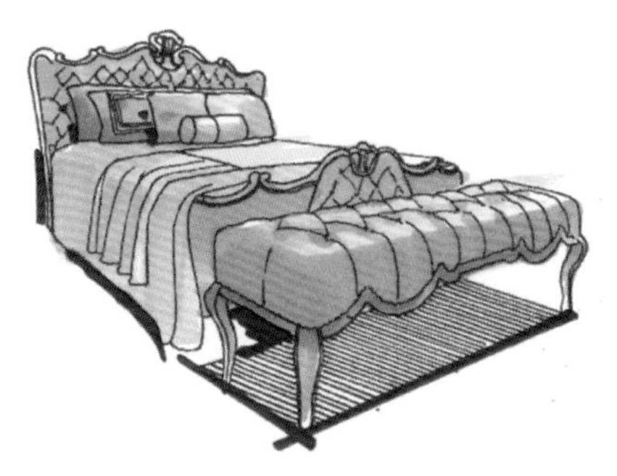

◆ 单体家具透视图着色练习

◆ 单体家具透视图着色练习

◆ 组合家具透视图着色练习

◆ 组合家具透视图着色练习

◆组合家具透视图着色练习

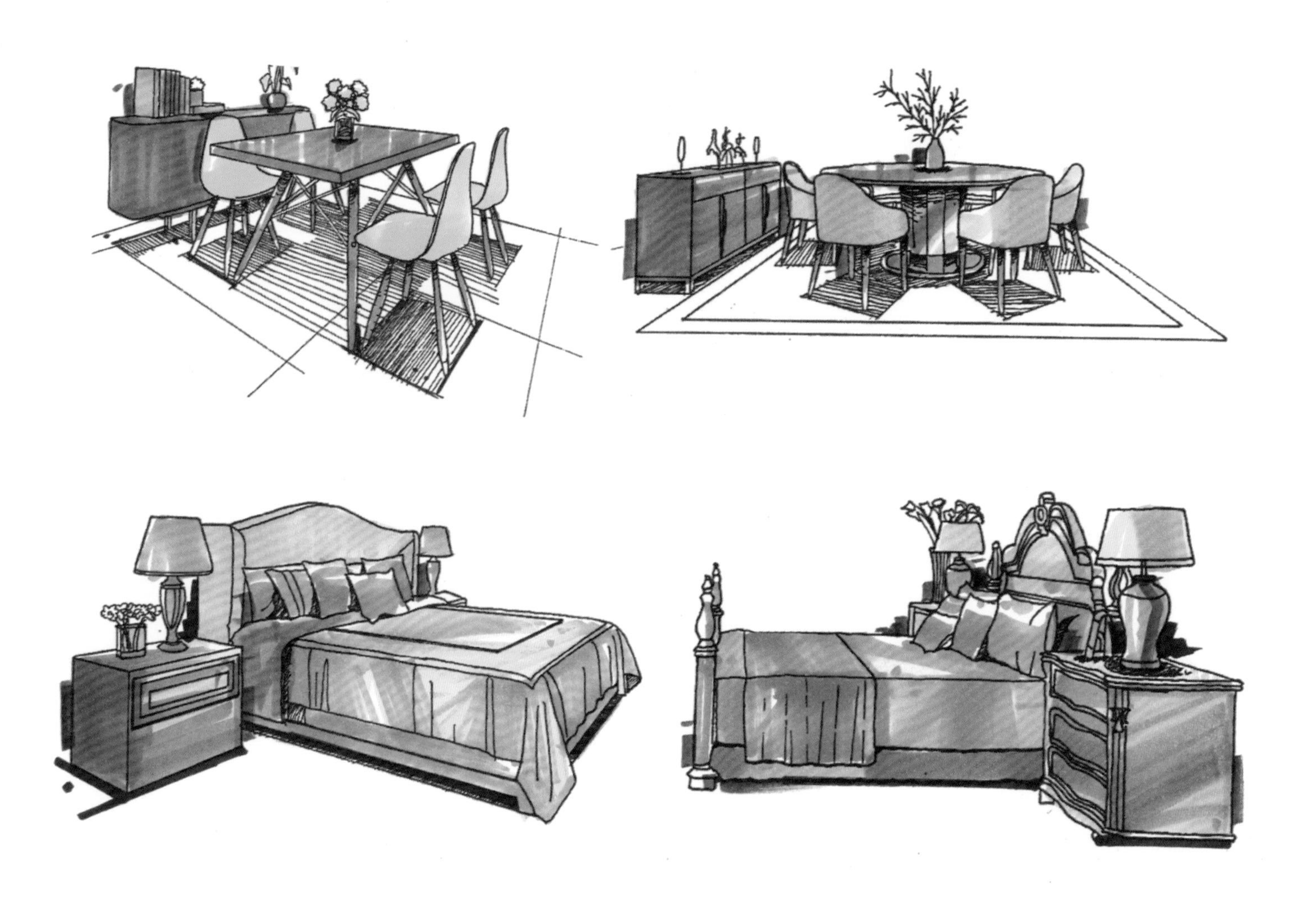

◆ 组合家具透视图着色练习

7.4 植物透视图着色表现

◆ 植物透视图着色练习

◆ 植物透视图着色练习

08

室内平面图、立面图着色表现

Day 10

8.1 平面图着色绘制步骤

根据第 4 章绘制的平面图进行上色，平面图上色前应确保画面的黑白灰关系对比足够强烈，上色时本着由浅到深的原则进行，注意颜色搭配，考虑纯度、明度和谐统一。

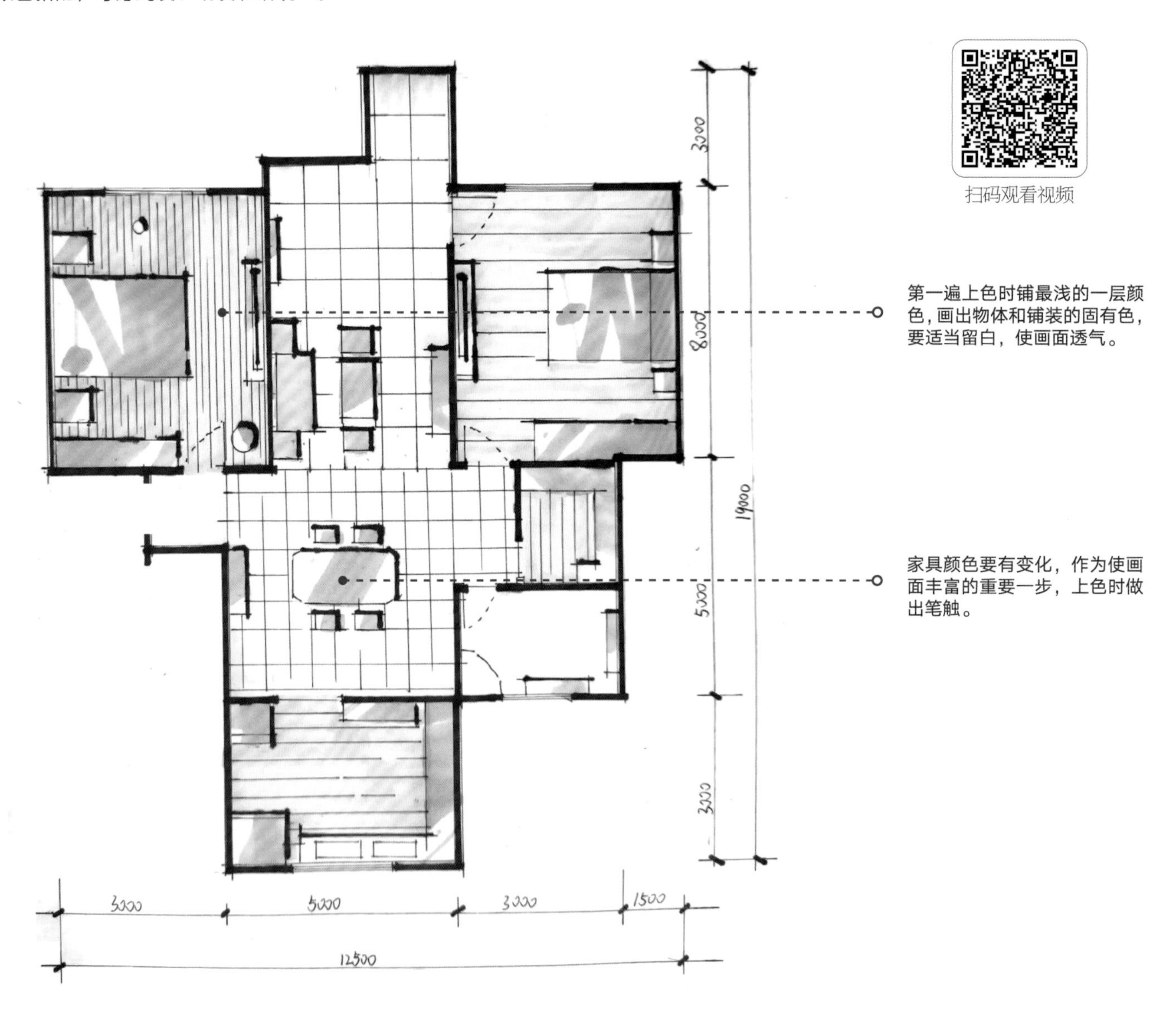

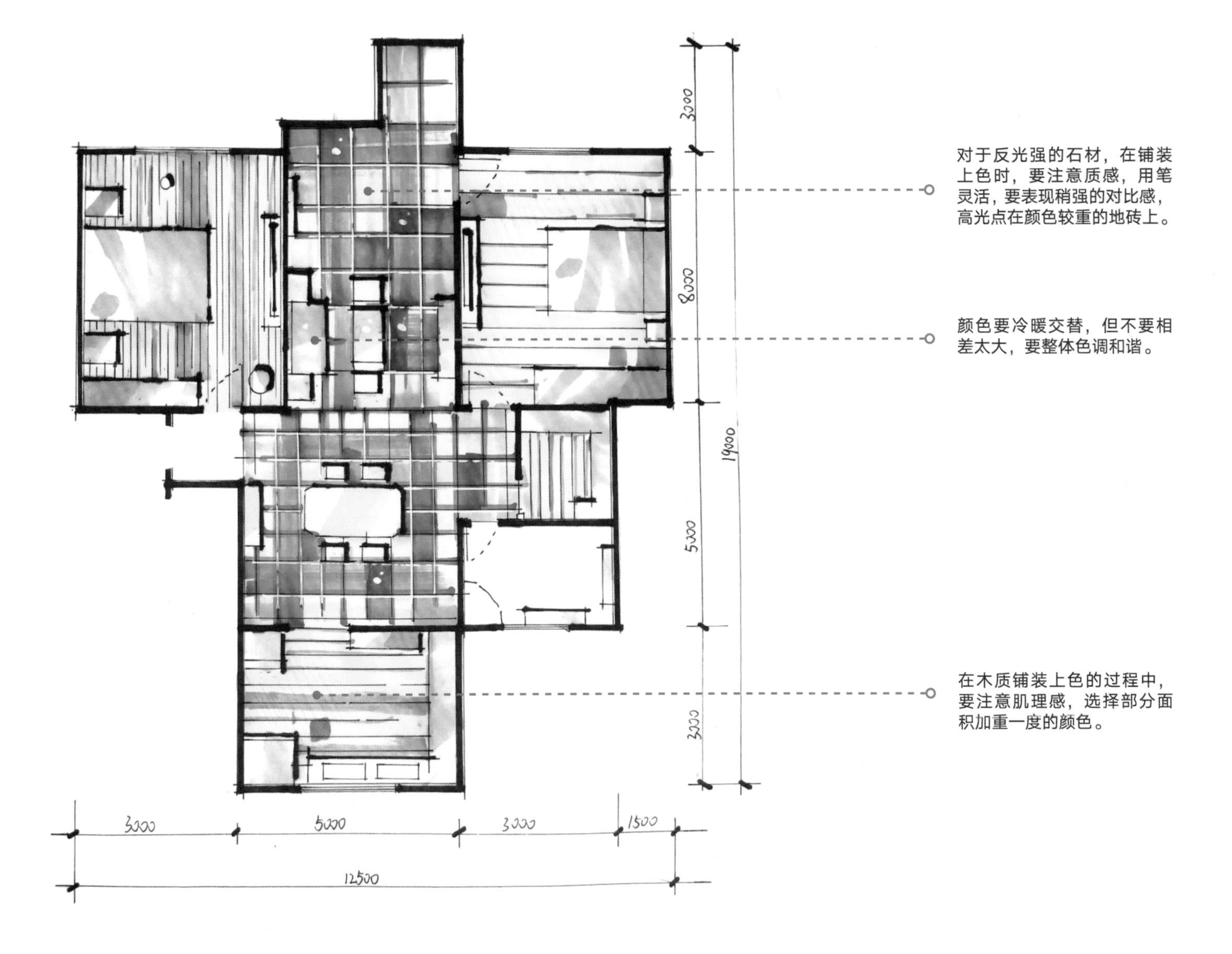

对于反光强的石材，在铺装上色时，要注意质感，用笔灵活，要表现稍强的对比感，高光点在颜色较重的地砖上。

颜色要冷暖交替，但不要相差太大，要整体色调和谐。

在木质铺装上色的过程中，要注意肌理感，选择部分面积加重一度的颜色。

8.2 立面图着色绘制步骤

根据第 4 章绘制的立面图进行上色，注意近景、远景的色彩对比，一般近景色彩纯度较高，远景色彩纯度较低。

扫码观看视频

刻画墙面细节，表现质感。
物体投影再次加重，强调效果。
主要物体的投影要统一加重。
在有前后关系和接触的位置，用重色强调。

马克笔上色完毕，选择颜色相近的彩铅，整齐地排线，用力要小。

在玻璃等透明材质上加反光。

在底部用黑色马克笔加重，增强画面效果。

对于主要物体，要刻画细节，做出笔触。

09

室内空间效果图着色表现

Day 11/12

9.1 一点透视着色绘制步骤

扫码观看视频

房顶的颜色不宜过重，不然会显得空间压抑。

地面上色时，采用扫笔和平铺相结合的笔触形式。

材质一样的物体，不要完全上一种颜色，要有细微色差，显得画面丰富。

在几何形体比较规则的位置，可以做出整齐的笔触感。

较长的马克笔直线可以用尺子做辅助来完成。

地板上重色，不要上满，要有留白。

在玻璃质感的表面加一层浅色反光。

地板的高光要硬朗一点，画的时候要干脆利落。

用浅色的彩铅平铺一遍，增加画面美感。

9.2 两点透视着色绘制步骤

扫码观看视频

对于鼓起的材质，要利用留白衬托。

对于比较密集的材质，不用把颜色全上满，采用扫笔的笔触形式。

对于第二层重颜色，一般是从下往上过渡。

物体的反光垂直往下，用比原色重的颜色来画。

对于深浅渐变的颜色，一般是从里到外过渡。

对于前后遮挡的位置，用重色来突出前面的物体。

可以在暗部用高光笔点一下，使画面更加灵动。

高光沿着木地板的边缘来画，要干净利索。

9.3 一点斜透视着色绘制步骤

扫码观看视频

家具的上色采用冷暖颜色搭配。

细致刻画靠前的家具，分出亮暗面，做笔触感。

靠前的地板颜色深一点，远处的浅一点。

要在浅色部分用彩铅上色，增加画面层次。
在铺装与铺装相接部位加重，突出反光。
收尾阶段，用黑色马克笔加重整体效果，收形。
选择浅色部分的地板加环境色。

9.4 优秀效果图赏析与临摹

效果图是快题设计的重要组成部分，效果图的质量决定了整张快题的效果，好的效果图可以让整张快题在众多试卷中脱颖而出，所以针对效果图的练习非常重要。本章节展现了众多优秀的效果图，可以从简单到复杂选择 1~2 张作品，进行临摹上色。

办公空间效果图表现，整体空间开阔，透视感强烈，造型丰富，色调应该更协调、统一。

办公空间效果图表现，要做到宽敞、明亮，办公工位的设计形式要突出特点，注意采光。

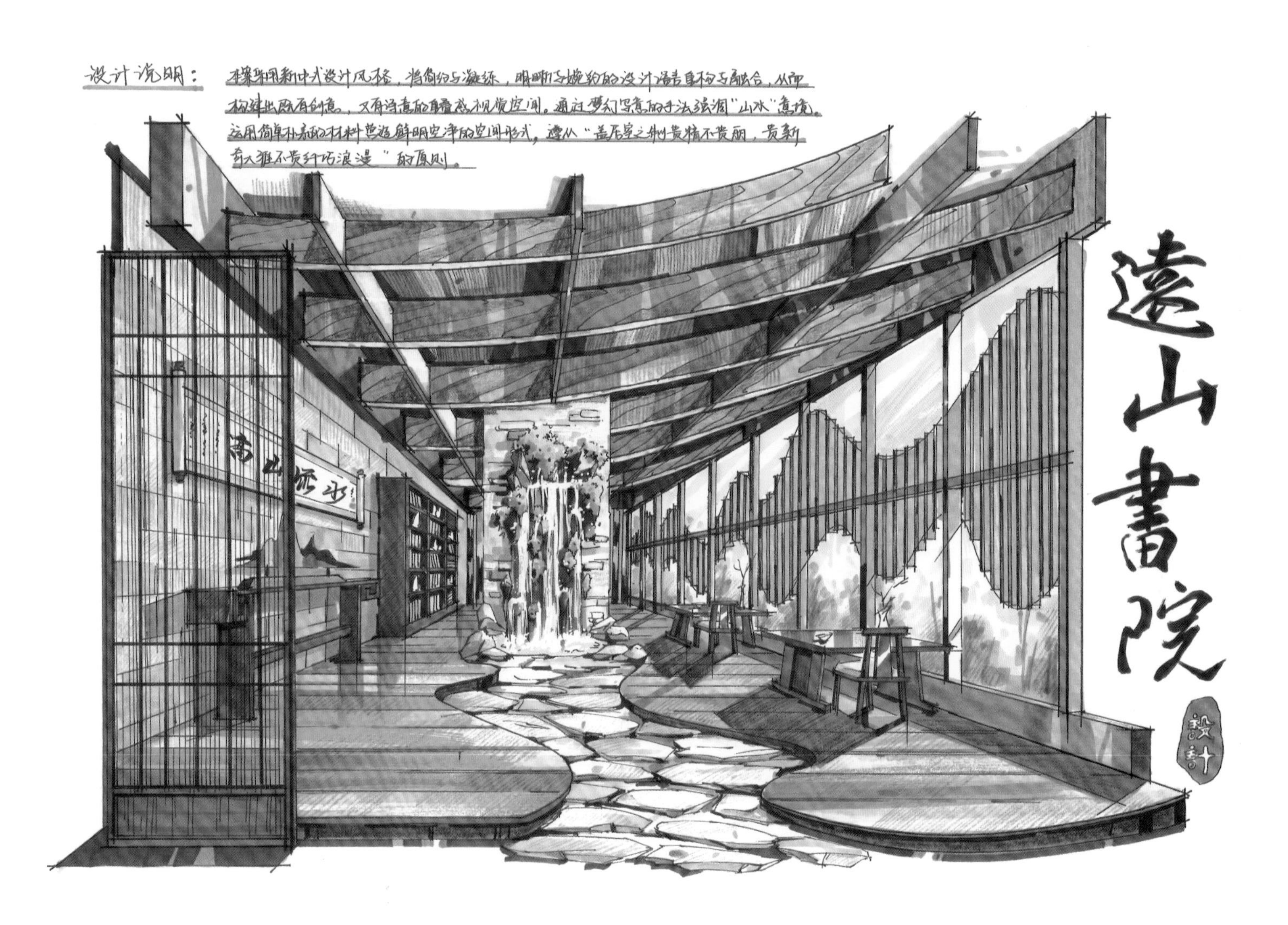

书吧效果图表现，注意设计明亮的阅读空间和交流空间，本方案采用中式元素，配合水景，营造出了东方书院的意境。

书吧效果图表现，采用中心展台来突出设计主旨，用文字体现空间特色，整体色调和谐统一，浑然天成。

书吧效果图表现，细节刻画到位，色彩表现恰当，光感处理丰富，整体感较好。

餐厅效果图表现，注意空间感的营造，尽量使空间开阔、明亮，色调统一。

餐厅局部效果图表现，整体结构清晰，构图关系不够协调，同时应该考虑光影质感的处理。

工业风餐厅效果图表现，顶面的表现尽可能丰富，整体色调以黑灰色为主。

餐厅效果图表现，整体采用暖色调，增加了空间的氛围感，分区合理，动线流畅，材质处理突出。

科技展厅效果图表现，注意科技氛围的营造，多搭配蓝色、紫色来体现科技感，同时层高尽量画得高一些，顶面层次丰富。

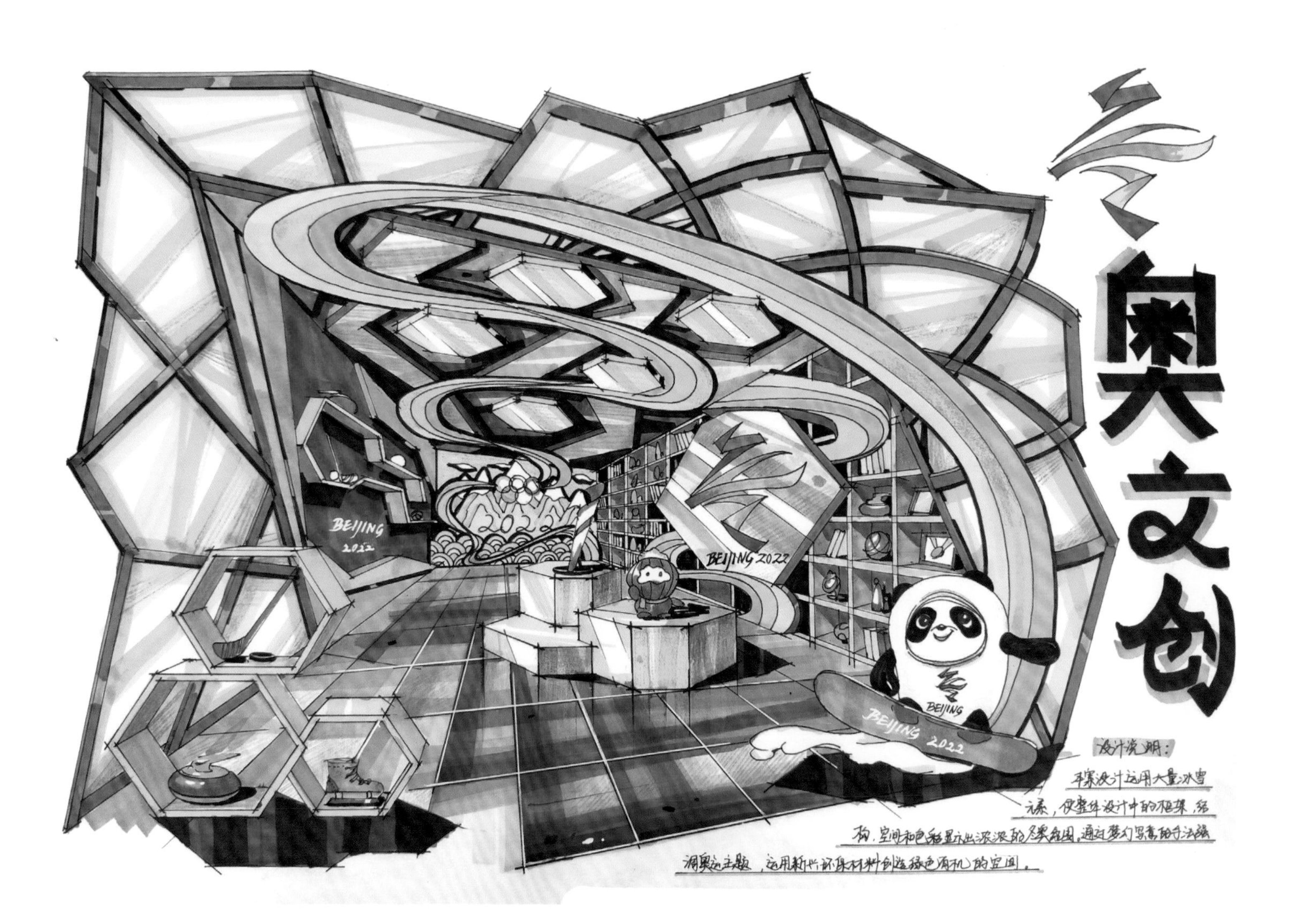

展厅效果图表现，该方案采用蓝色色调表现冬奥主题展厅，添加体育元素，完美契合冬奥特色。

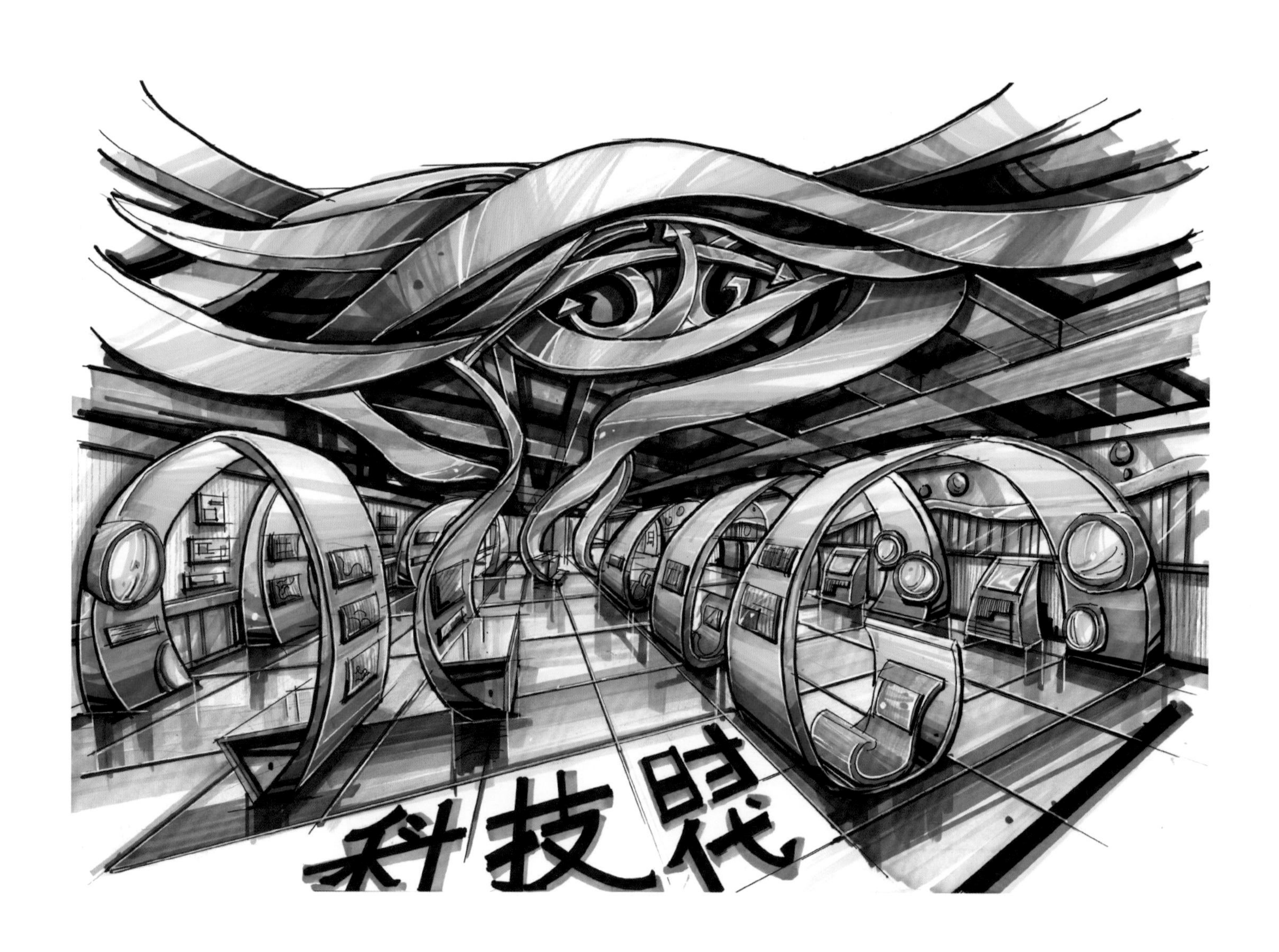

科技馆效果图表现，整体采用蓝色色调，充分营造了空间的科技氛围，站台设计独特，空间灵动，充满趣味性。

展厅效果图表现，整体空间透视合理，展厅内展具造型独特，空间光感较强。

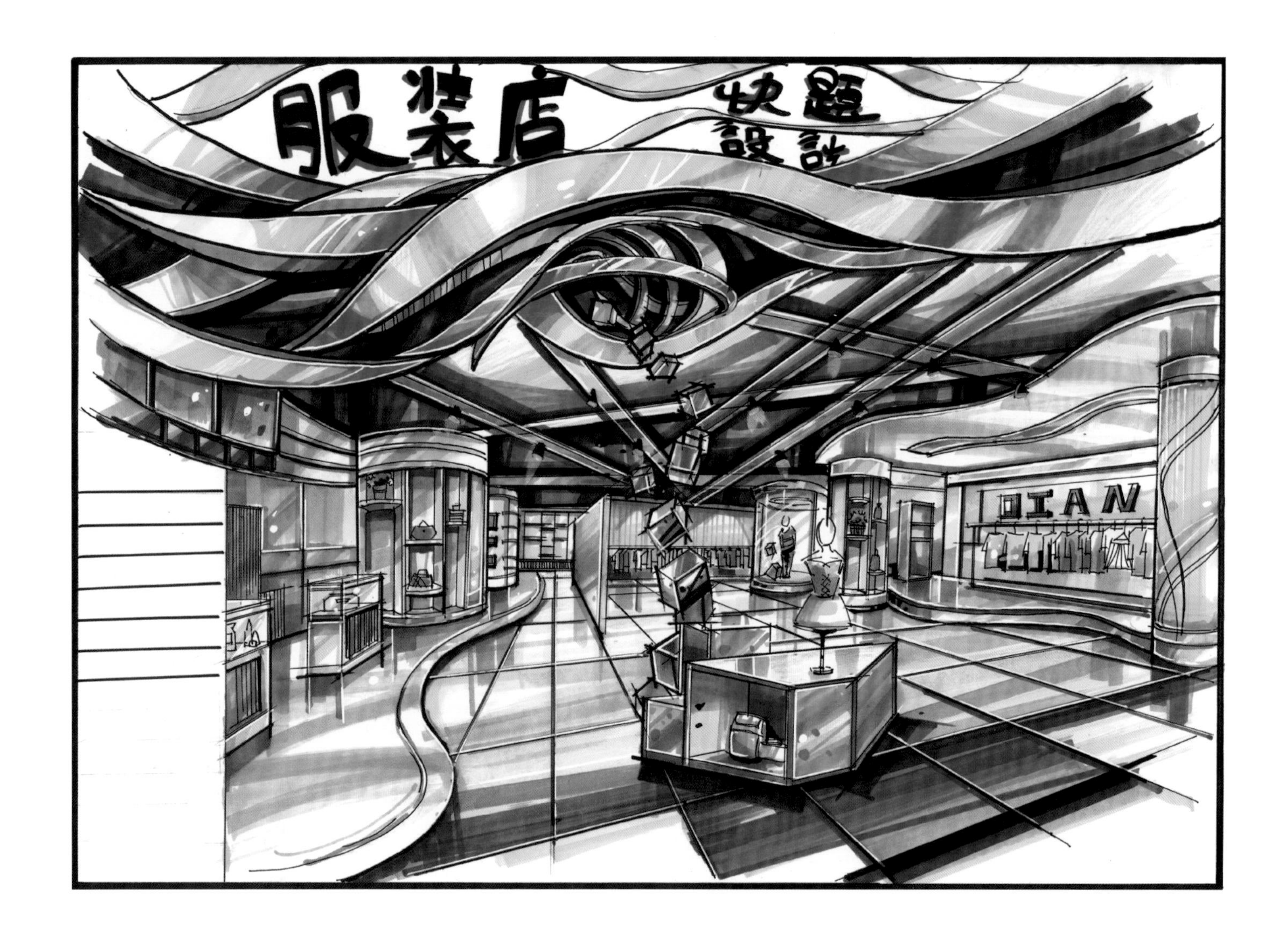

服装店效果图表现，整体空间透视合理，视觉冲击力较强，色彩和谐统一，材质光感处理到位。

童装店效果图表现，整体采用绿色色调，添加动漫元素，使得画面生动、活泼、富有童趣。

服装店效果图表现，采用红色作为主色调，搭配工业风元素，来体现潮流元素，整体表现具有张力，空间感略显不足。

售楼处效果图表现，层高尽量画得高一些，空间尽量开阔，展台设置合理。

售楼处效果图表现，整体空间突出了售楼处的特点，色调和谐统一，视觉冲击力较强。

售楼处效果图表现，空间开阔，采光充足，有独立的展示区和洽谈区，装饰材料新颖，凸显设计感。

售楼处效果图表现，整体空间表现合理，视觉中心突出，顶面造型独特，地面处理较弱。

10

室内设计考研
真题模拟训练

Day 13-19

10.1 室内快题设计思考模式

10.1.1 手绘与快题设计

手绘，就是通过手快速在纸张上画出需要表达的空间，是设计思维的一种最直观的呈现方式。手绘不仅是考研快题设计最终效果的表达方式，也是前期学习设计的过程中培养设计能力的必备基础。手绘和快题设计有着相辅相成的关系，正所谓没有好的设计就没有表现的灵魂。如果没有好的表现形式，即使设计创意再好也无法抓人眼球。无论是在设计初始的草图阶段，还是在设计方案推进的过程中，手绘无疑具有很大优势。它不仅能促进设计方案的有序展开，并沿着正确的设计方向发展，还能不断提高设计者的专业设计素质。在进行快题设计的前期，大量的手绘训练是必不可少的，手绘是快题设计的基础，只有打好基础，在进行快题设计时才能既保证质量又保证速度。

快题设计是指在有限的时间内完整表达出自己的想法构思及设计成果的设计方案，将设计方案编排在一张或多张图纸幅面上，并完整流畅地表达出来。目前研究生快题设计时间通常为 3 或 6 个小时。快题设计是一种综合能力的体现，也是一种图示思维的表达方式。快题设计可以分为建筑快题、城市规划快题、景观园林快题、室内快题、工业产品快题等。不同院校对考研快题的考试时间、效果图、图纸的要求均不同，需要根据报考院校考试大纲进行针对性的练习。

在正式接触考研快题前，不少同学会担忧快题画起来困难，无从下手，无法在规定的时间内画完。在没有经过专业的训练前，有忧虑很正常，这个时候，我们需要做的就是放松心态，一步一步来。

10.1.2 快题设计能力与表现的训练方法

要掌握快题设计能力，前提就是要具备一定的专业理论知识与设计表达能力，设计表达能力的形成需要平时不断的训练，以此积累经验。在学习快题设计之前，可以多了解一些正规的平面设计图，临摹一些名家的设计图纸，研究其设计思想和设计手法，对方案设计、平面布局、立面布局等反复琢磨。严谨规范的练习，有利于考研快题设计的训练。在平时的练习中，也要关注一些考研常考的类型，多学习优秀的设计方案，发现自己的不足，最后把优秀的设计思路和自己的设计思路融会贯通，形成自己的风格。练习的材料可以是自己报考院校的历年真题，也可以选一些优秀院校的真题。一个平面尝试画出多个方案，用不同的方式和风格去设计，反复练习，才能在最后快题设计时根据图纸要求手到擒来。要记住，想要画好手绘就要进行长期的练习，快题设计亦是如此。

设计能力是在一个长期积累的过程中形成的，想在短时间内突破很难。可能通过短时间的训练，手绘能力会有一定的提高，但快题设计能力不是只画手绘，它也同样重视方案设计的表达。在快题设计考试中，手绘质量直接影响设计的整体效果，方案设计的表达则体现出了一个设计者的设计水平，所以，两者同样重要。当手绘和设计表达能力匹配之后，应该提速，因为快题设计的要求就是快！

在表现训练的过程中，一开始就能根据快题设计要求给出空间设计方案有点难，所以需要多练习。首先适当的临摹（单体、效果图）是必不可少的，在经过一段时间的练习之后，随着手绘能力逐渐提高，便可以接触方案的练习。一步一个脚印地走，循序渐进。

10.1.3 室内快题方案形成的过程

设计素材的搜集

设计素材源于生活，也源于平时对设计方案的积累。正所谓耳濡目染，看得多了，自然也就懂得多，书读百遍其义自见。设计风格也是经过日积月累形成的，画得多了，才知道哪种风格适合自己。

审题，分析题意

审题是开始快题设计的第一步，也是决定设计方案质量的关键一步。首先要正确解题，否则会直接影响设计方案的构思。任务书上的要求一定要严格遵守，否则会成为丢分的关键，例如，没有按要求的比例作图。

设计构思

设计构思主要指平面图的方案设计，立面图、分析图、效果图都可以根据平面图推导出来。分析完出题意图后，先在图纸上用铅笔进行大概的位置排版，再开始设计构思。进行设计构思时，一定要合理安排时间，方案构思需要 10~15 分钟，时间紧迫，要一边想一边在图纸上用铅笔勾勒出大轮廓，不要考虑细节。

确定方案与表现形式

在方案构思完成之后，就要确定方案的表现形式。开始上墨线，画出具体方案细节。方案设计一定要突出重点，突出主题。在进行手绘表现时，一定要简洁明确。手绘表现能力在快题设计中至关重要，直接影响试卷的得分情况。

排版

快题设计考试一般包括平面图、顶面图、分析图、立面图、效果图、设计说明等。要根据命题要求完成规定的设计，内容要丰富，这样才能达到最好的效果。在进行画面的整体布局时，一定要分清楚层次，有主有次，把主要设计方案放在最突出的位置，剩下的部分作为次要部分合理布局。

10.1.4 室内快题时间分配

在考研手绘中一般多以 3 小时快题和 6 小时快题为主。如果想在规定的时间内完成一套完整的快题，时间的分配和合理的绘图顺序尤为重要，接下来以 3 小时快题和 6 小时快题为例，进行快题时间分配的讲解。

3 小时快题

在考试开始后 10 分钟左右，需要完成方案构思，并在之后的 20 分钟内完成平面图的线稿。在 20 分钟甚至更短时间内完成剖立面图，剖立面图的绘制力求简洁、快速。接着用 40 分钟左右完成效果图的绘制，效果图的绘制相比剖立面图复杂，可以略下功夫，但是不宜超时太多，否则会影响效果图的表现效果。分析图和设计说明各用 10 分钟，这样全图线稿就画完了，线稿大约占用三分之二的时间。接下来就是上色，使用 60 分钟左右，大约占用三分之一的时间。最后，务必留 10 分钟完成最后的补充工作，主要包括检查画面，画上标题和图框。

6 小时快题

6 小时快题和 3 小时快题的时间分配形式类似。在考试开始后 20 分钟左右，需要完成方案构思，并在之后的 40 分钟内完成平面图的线稿。在 30 分钟甚至更短时间内完成剖立面图的绘制。接着用 90 分钟左右完成效果图的绘制，因为一般 6 小时快题考试要求用 A1 图纸，画面较大，可以适当增加时间。分析图和设计说明分别用 30 分钟和 20 分钟，线稿整体控制在 4 小时之内，剩下的时间用来上色和完善画面。同学们没有必要死守时间表来作画，而是要根据自己考场方案的实际情况，灵活做出改变。时间分配的原则是不缺图。如果方案构思时间有点长，可以适当压缩画平面图和剖立面图的时间。如果前期作画很顺利，余下一些时间，也不要懈怠，务必按照正常速度继续作画。切忌考场上因为时间问题而慌乱，冷静应对考试中的突发情况才是根本之道。

3 小时快题时间分配　　6 小时快题时间分配

10.1.5 命题设计分析

室内设计常考类型

文教类：如各类文化馆阅览室、大厅、教室等空间设计。

商业类：如书吧、书屋、便利店、专卖店、售楼处、婚纱摄影店等空间设计。

餐饮类：如快餐店、风味餐厅、中式风格餐厅、西式风格餐厅、茶室、料理店、酒吧、咖啡店等空间设计。

宾馆类：如客房（标准间、单间）、套房等空间设计。

办公类：如办公室、会议室、接待室、总经理室、设计室、事务所、SOHO（small office 和 home office 的缩写）等空间设计。

展示类：如展厅、展廊、博物馆等空间设计。

娱乐类：如酒吧、会所、KTV、迪厅、夜总会等空间设计。

休闲类：如影院、洗浴中心、美容美发中心、俱乐部、网吧、健身房、棋牌室等空间设计。

工业建筑室内设计类：厂房改造。

命题分析

快题设计有很强的针对性，涉及的层面会随着结构、材料、灯光等的不同呈现出不一样的命题方式。一般快题设计都会给出命题，设计者可以根据命题进行分析，在明确设计的核心和意图之后，再进行思考，展开方案设计。

10.2 真题模拟与评析

10.2.1 餐饮空间设计

题目：餐饮空间室内设计。

设计要求：

（1）设计场地东西长 18 米，南北长 12 米，层高 4.5 米，梁高 0.6 米，完成餐饮空间快题设计（主要、次要入口和窗户自定）。

（2）对空间进行合理的功能分区，绘制平面图、顶面图，并标注材料。

（3）绘制主要立面图，并标注材料，绘制彩色透视图（至少一个），表现形式不限。

（4）设计风格自定，要求具有鲜明的特色。

（5）简要设计说明 100 字左右，所有墨线、图纸比例自定。

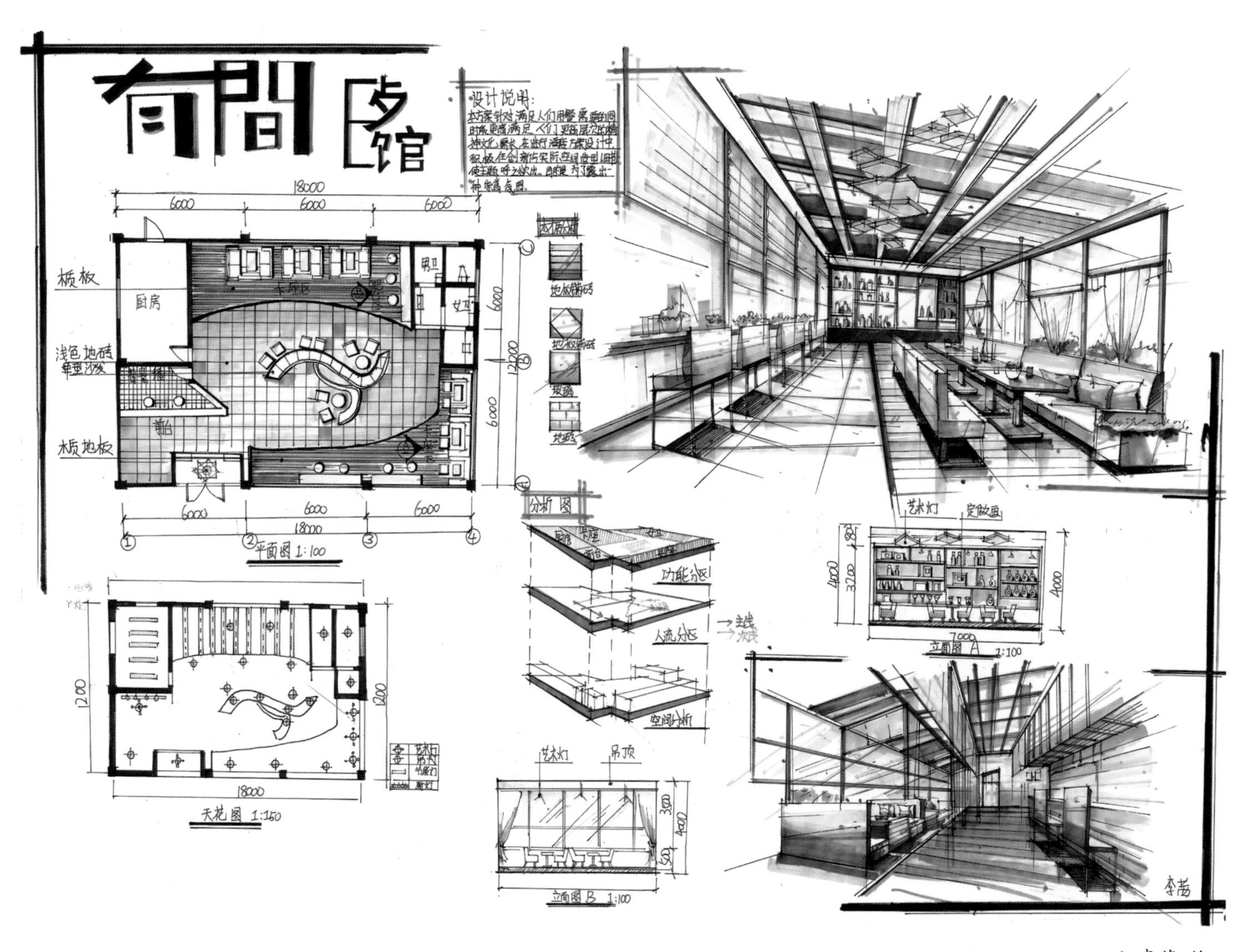

◆ 李茜 绘

名师点评 陈设布局上有一定的空间意识，三维空间感较强，分割方面比较注重仪式感，各功能空间有一定的逻辑性，整体配色清新自然、清爽大气。空间色调协调，氛围感浓郁，效果图用色统一、层次丰富。

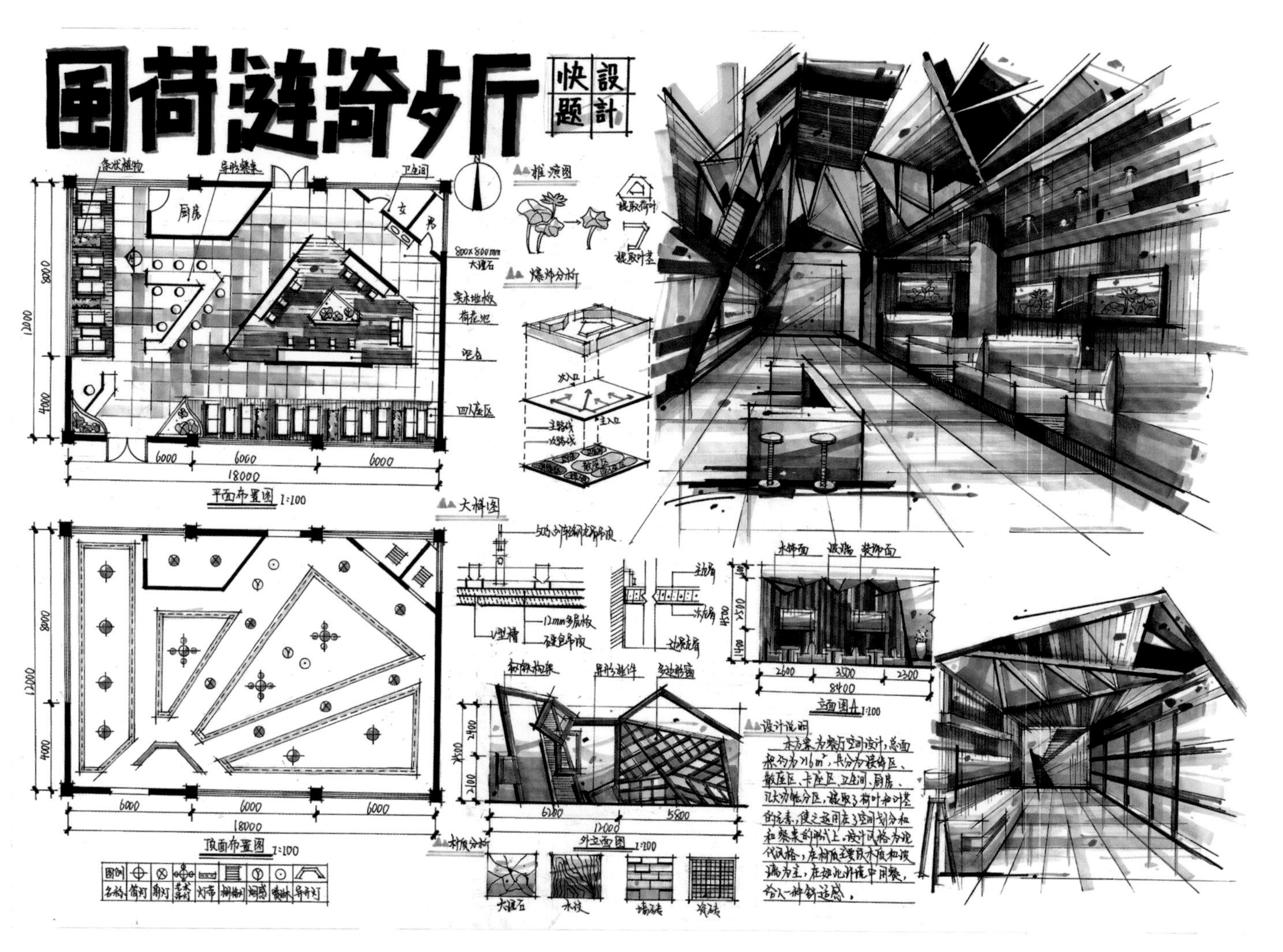

◆ 代东珊 绘

餐厅快题设计主题鲜明，构图饱满，效果图表现力强，平面分割干净利落，功能齐全。立面设计极具特色，能体现餐厅特点。马克笔使用娴熟，表现力较强，是不错的快题设计。

10.2.2 书吧空间设计

题目 1：“书吧”室内设计。

设计要求：

（1）设计方案要考虑书吧特有的室内使用功能、空间划分、装饰风格、家具比例、材料特性、环境色彩等要素，满足相关设计规范要求。设计方案中空间的基本要求应包括：四种以上不同组合形式的散座区，有高差变化的室内空间，室内空间层高 3000（单位 mm）。

（2）设计方案表现内容包括：在试卷上绘制比例 1 ∶ 100 的平面布局图（标注：功能区分、比例、尺寸、铺装材质等），书吧公共空间的透视效果图一张，针对设计理念、设计定位、各设计要素的分析说明（200 字左右）。

（3）设计方案注重创意理念及使用人群的需求，要针对室内空间的功能细节进行全面构思。

（4）根据所给平面图（尺寸为 30m × 13m）进行设计深化，平面布局图采用彩色手绘表现的形式进行绘制。绘制比例为 1 ∶ 100 的公共空间效果图，采用彩色手绘的形式进行表达，表现工具不限。试卷图纸为 A2 绘图纸。

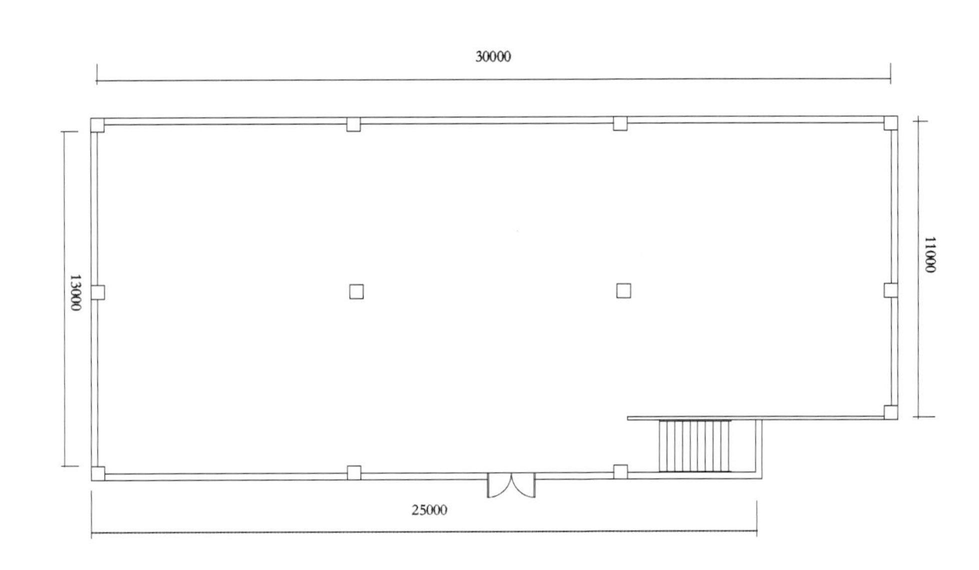

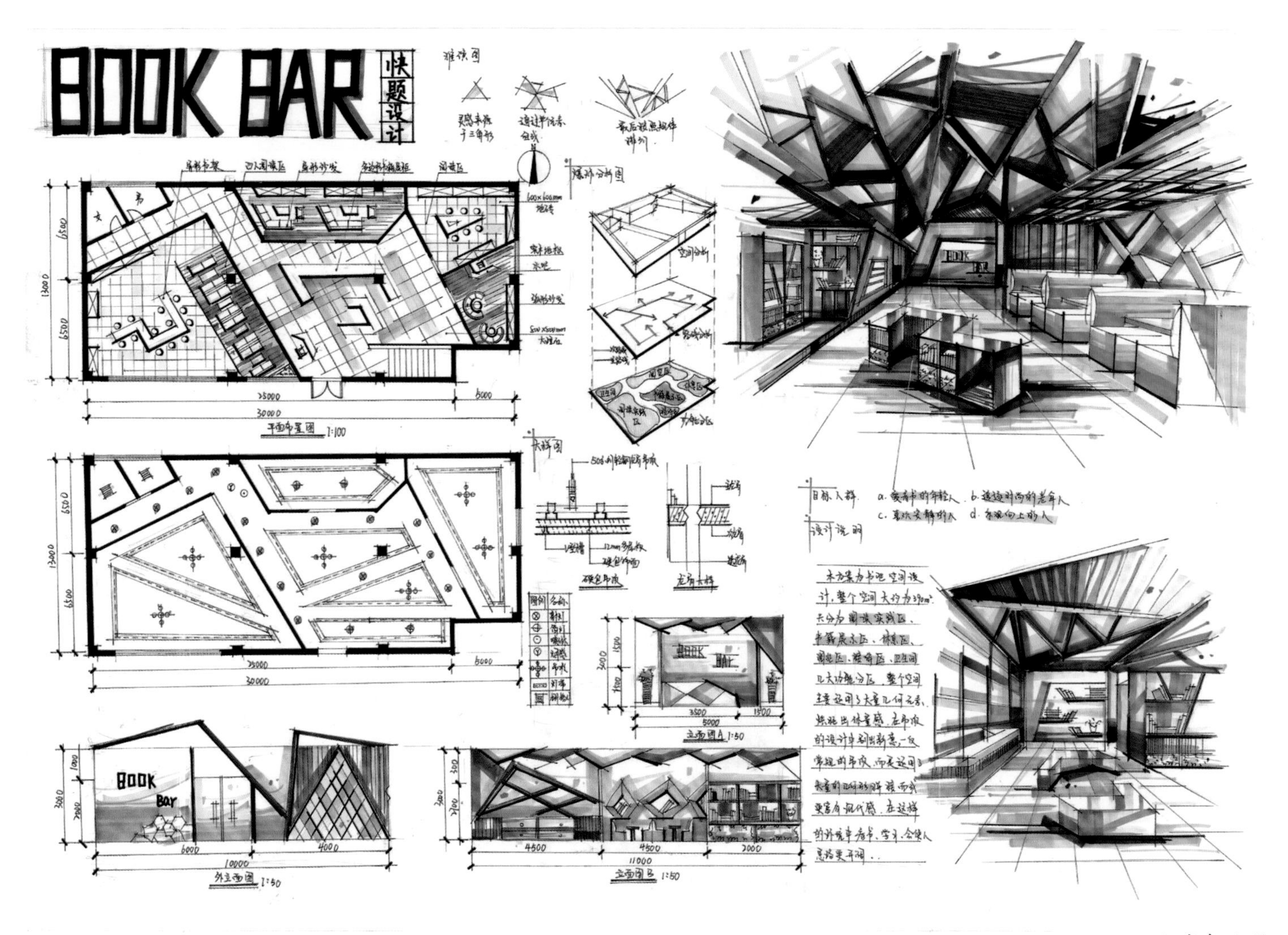

◆ 代东珊 绘

书吧设计采用折线元素，布局功能合理，表现力强，方案大气、张力强，构图完整。颜色冷暖搭配，体量适宜。效果图中蓝色的运用有些生硬，可以增强环境色的运用。可以加强刻画前景，增强空间感。立面图表现丰富，进行了合理的竖向设计。

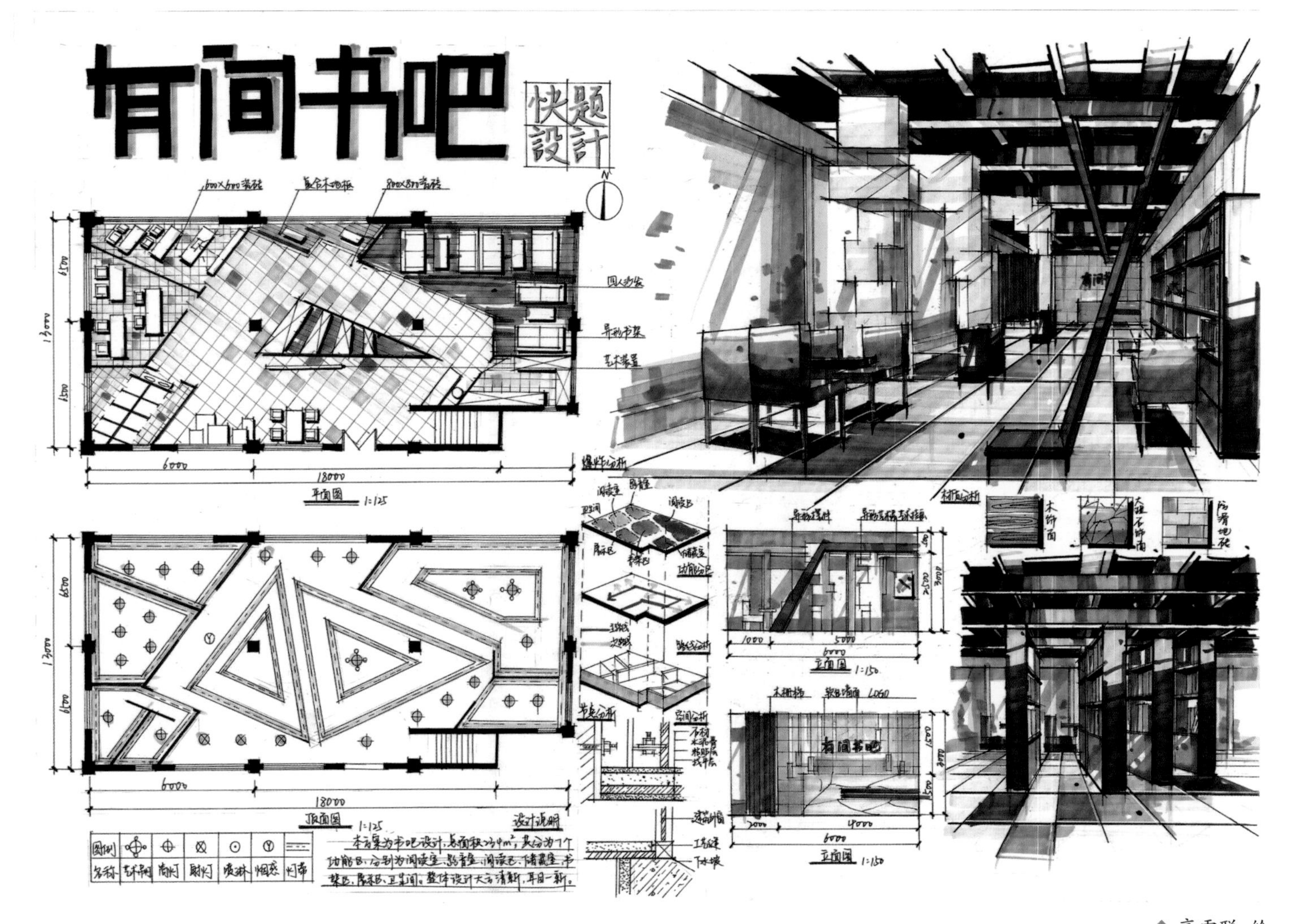

◆ 高雪聪 绘

名师点评

方案整体中规中矩，布局紧密，空间利用合理、紧凑，氛围感强。效果图空间感表达不错，有对界面疏密关系进行处理，画面内容较为完整、丰富，设计紧扣主题。

题目 2：小型“设计书吧”室内外环境设计。

设计要求：

（1）设计方案要考虑“设计书吧”特有的室内外使用功能、空间划分、装饰风格、家具比例、材料特性、环境色彩、绿化铺装等要素，满足相关设计规范要求。设计方案中应包括收银吧台、不同组合形式的散座区、四种以上不同的书籍陈列展架、供四人使用的阅读包间一个、卫生间一个、满足两三个人使用的室外阅读庭院。室内空间层高 3000（单位 mm）。

（2）设计方案表现内容：在试卷上绘制比例为 1 ： 75 的平面布局图（标注：功能区分、比例、尺寸、铺装材质等），书吧公共空间的透视手绘效果图一张，针对设计理念、设计定位的设计分析说明（200 字左右）。

（3）设计方案注重创意理念及使用人群的需求，要针对室内空间的功能细节进行全面构思。

（4）根据所给平面图进行设计深化，平面布局图采用彩色手绘表现的形式进行绘制，绘图比例为 1 ： 75。公共空间效果图采用彩色手绘的形式进行表达，表现工具不限。试卷图纸为 A2 绘图纸。

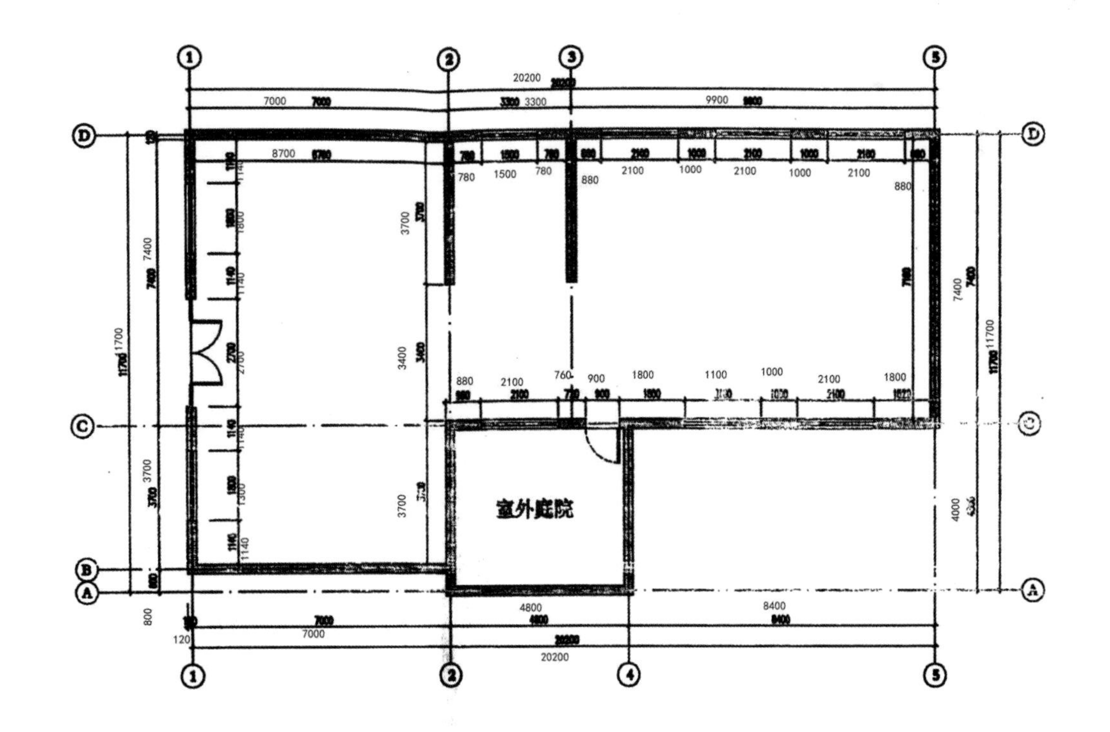

◆ 刘影影 绘

名师点评

平面布局清晰，各个功能分区明确，立面极具个性化。陈列区可以满足不同人的使用需求。从效果表达方面来讲，色调明确，空间感好，整体图面效果好。

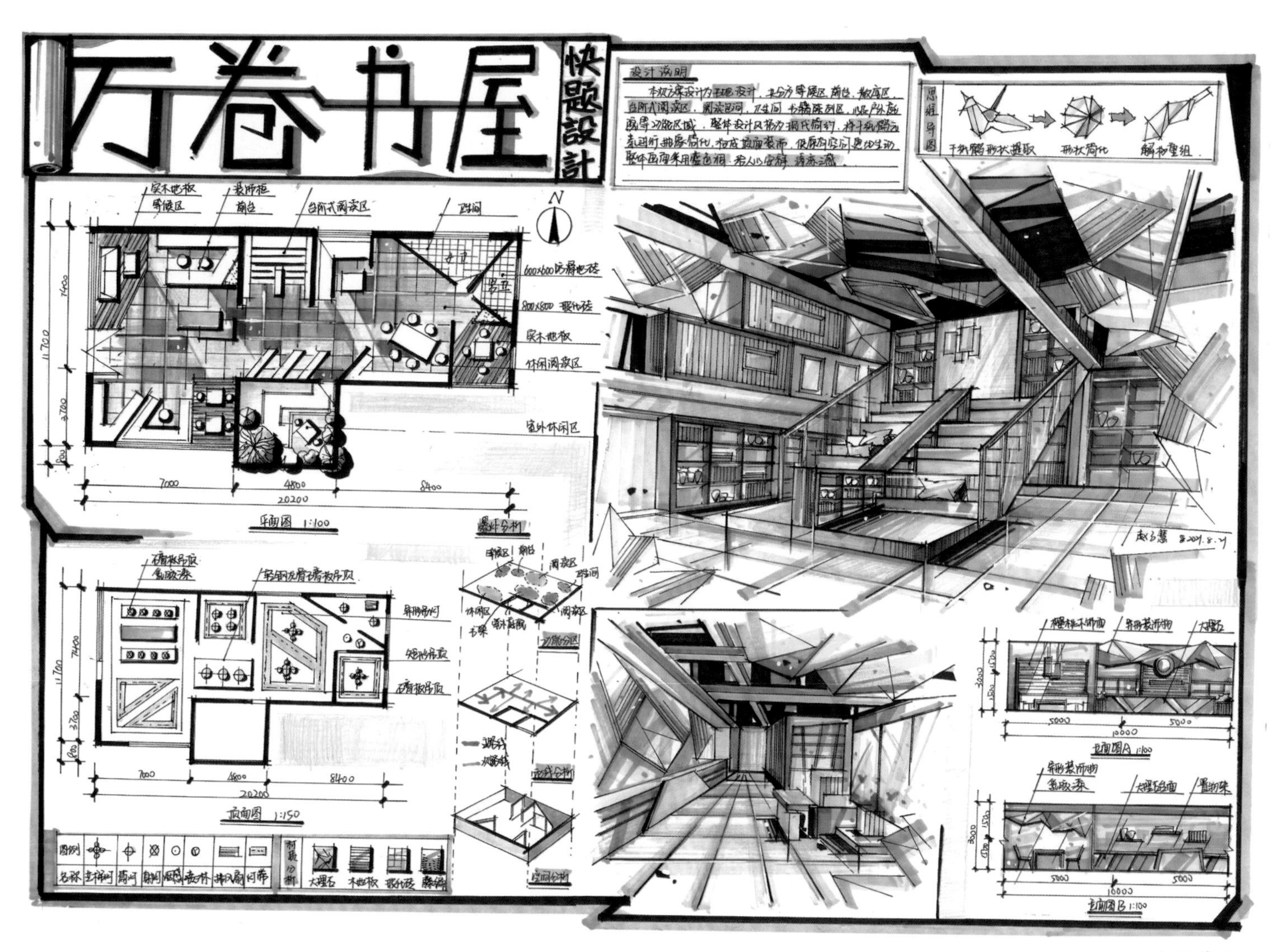

◆ 赵子慧 绘

名师点评

图面构图饱满，平面图设计新颖，风格清新淡雅。效果图场景效果好。视觉冲击力强，绘画技巧到位，马克笔使用还需加强。方案布局规整平稳，元素分析较好。整体氛围符合题意。

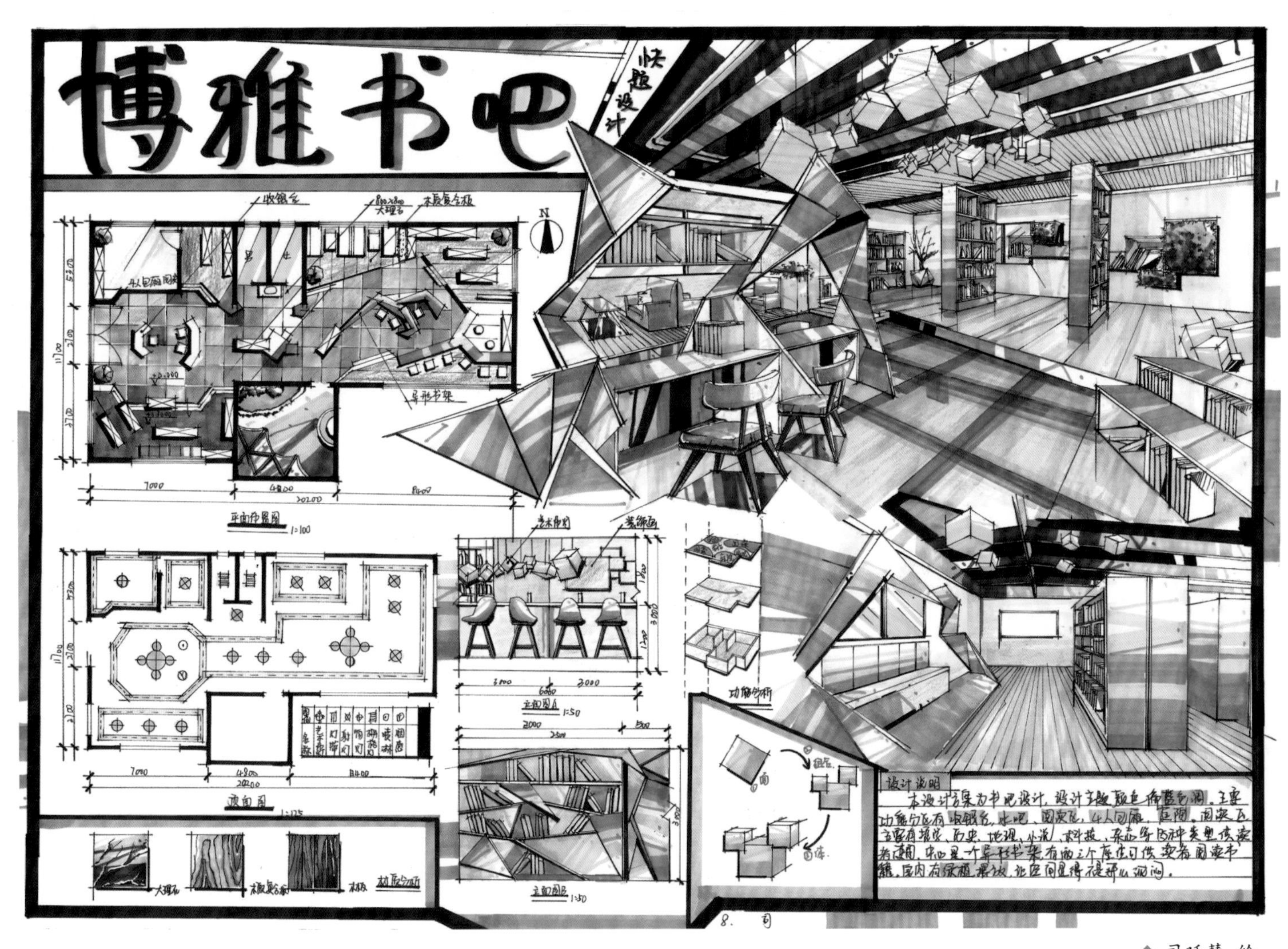

◆ 司延慧 绘

名师点评

方案构图完整，图纸内容符合题意，效果图表现技法娴熟，有一定的冲击力，能基本把握空间范围。平面布局层次丰富，疏密适度，做了相应的特色分析，对设计构思有一定的考虑。

10.2.3 大学生活动空间设计

题目：大学校园内有一栋旧实验室，已清空，现改造为供大学生交流、活动的场所，对其进行室内设计。原实验室的土建条件为钢筋混凝土框架结构，砖混幕墙，室内平面尺寸为 9m×18m，室内净高为 8m，门窗可根据改造设计自定。

设计要求：

（1）绘制平面功能规划设计图、顶棚设计图、剖立面设计图及 2 个重要节点图（比例自定）。

（2）透视效果图 2 幅（表达方式不限）。

（3）200 字以内的设计说明。

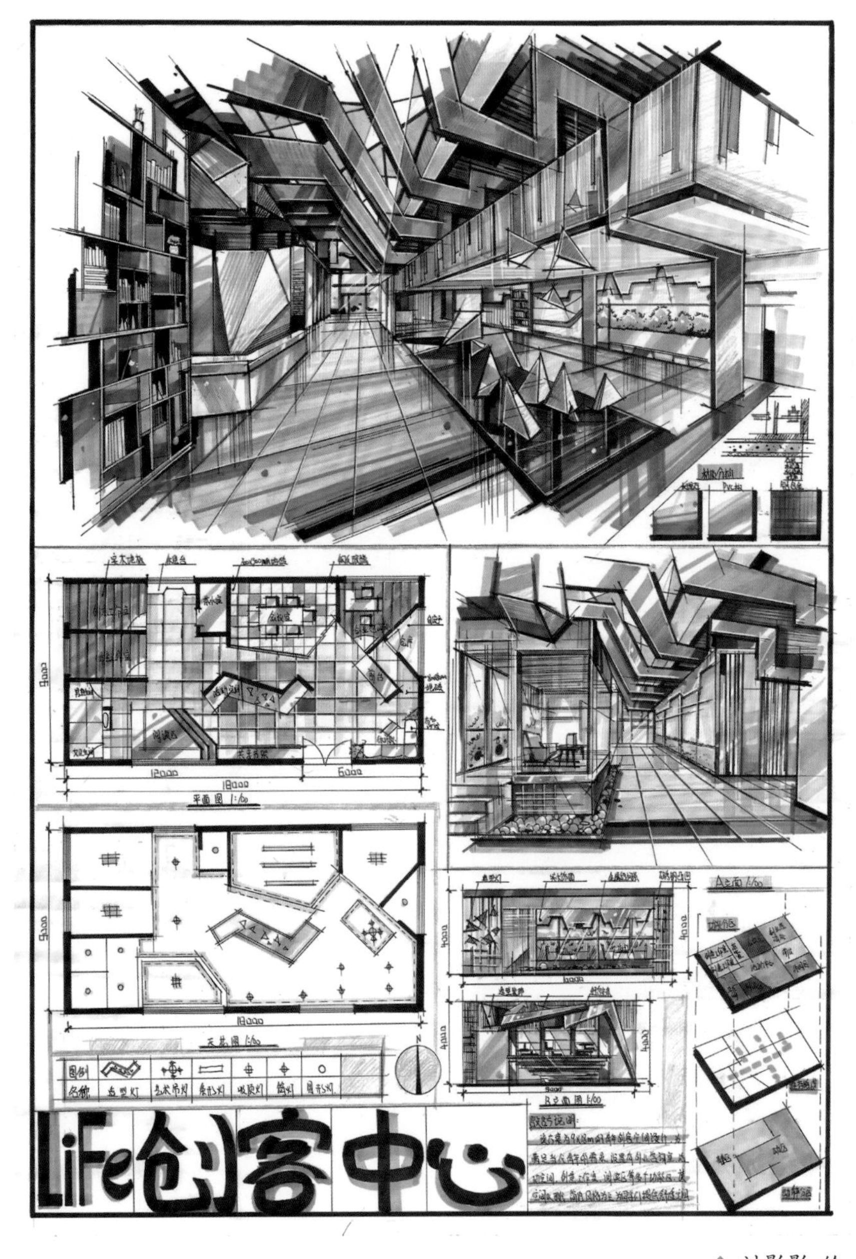

◆ 刘影影 绘

名师点评

整体版面美观大方，内容丰富完整。方案功能完善，可满足不同需求，空间形式较好。

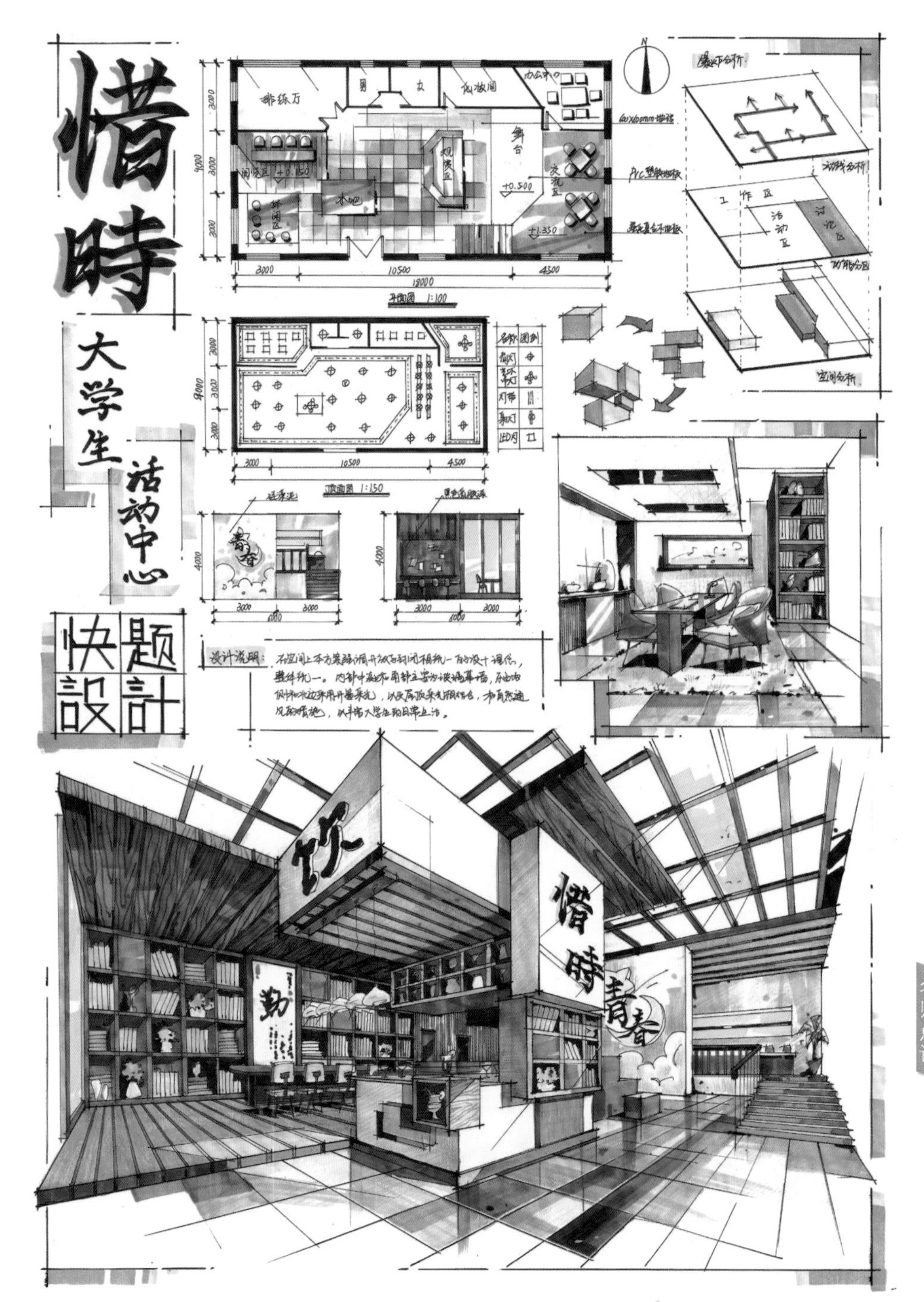

◆ 许莹 绘

名师点评

大学生活动中心快题设计，平面布局合理，尺度适宜，功能也较为全面。平面表现方面，用色规矩稳重。方案立面设计较为朴素大方，简约，采用大量木质增加空间活力。效果图空间张力较强，能体现一定的艺术功底。

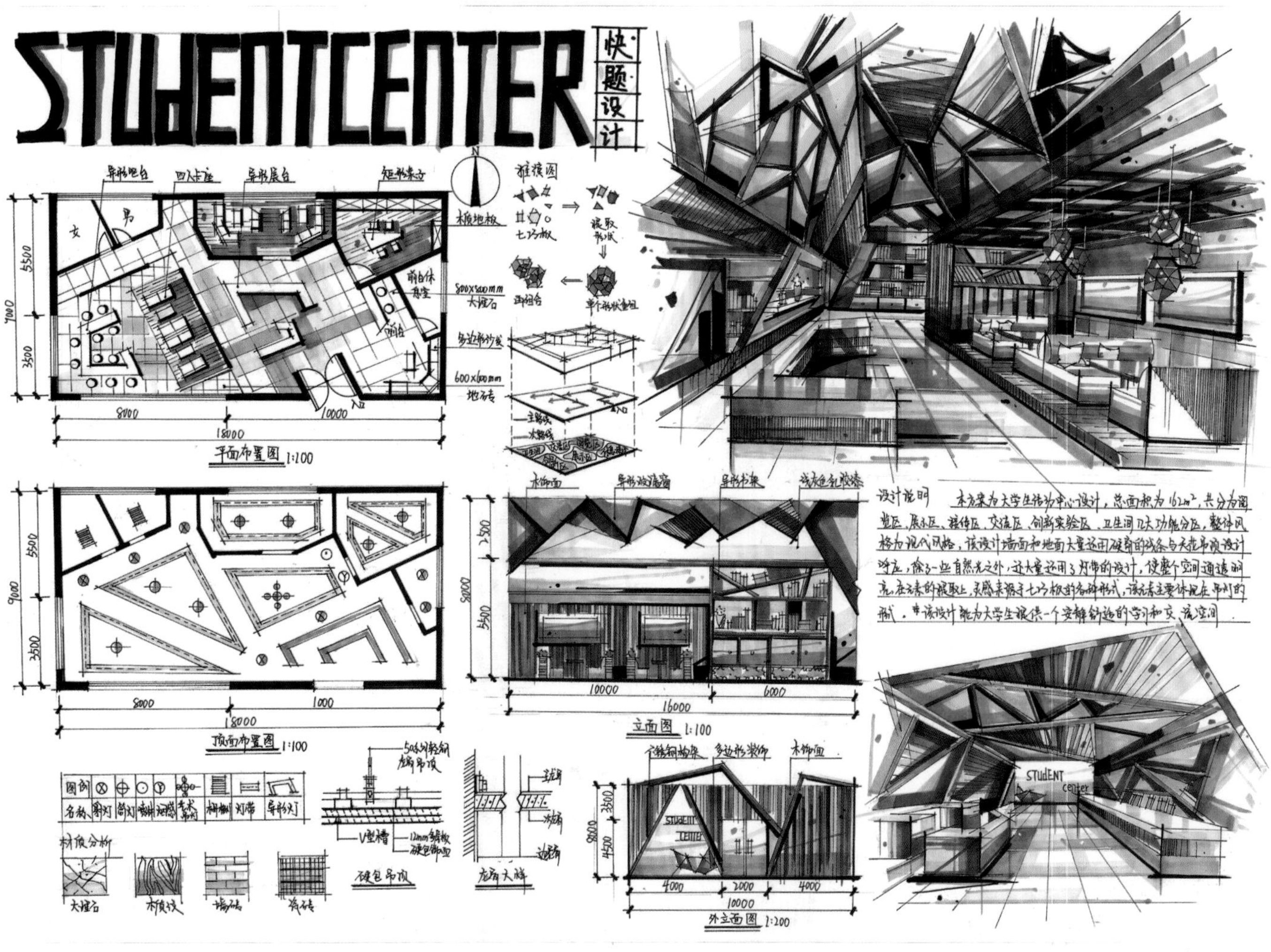

◆ 代东珊 绘

名师点评

整体版面饱满，空间划分合理，具有流畅、清晰的空间动线。效果图的创意技法体现得很好，运用木质和玻璃的材质将空间造型很好地体现出来。

10.2.4 展厅空间设计

题目：展厅空间设计。

设计要求：

（1）展厅功能自定，该空间有服务台（售票及咨询）、接待处、休息等候区、水吧等功能区域。

（2）主要效果图一幅，主要家具设施或主要局部空间一幅，平面布置图一幅、主要立面图一幅。

（3）要求平面布局合理，可适当改变建筑结构，功能完善，体现区域性和展示属性。效果图能够充分体现设计意图。设计说明语言简练，翔实。

（4）设计说明不超过 200 字，画面构图自定，模拟考试时间为 6 小时。

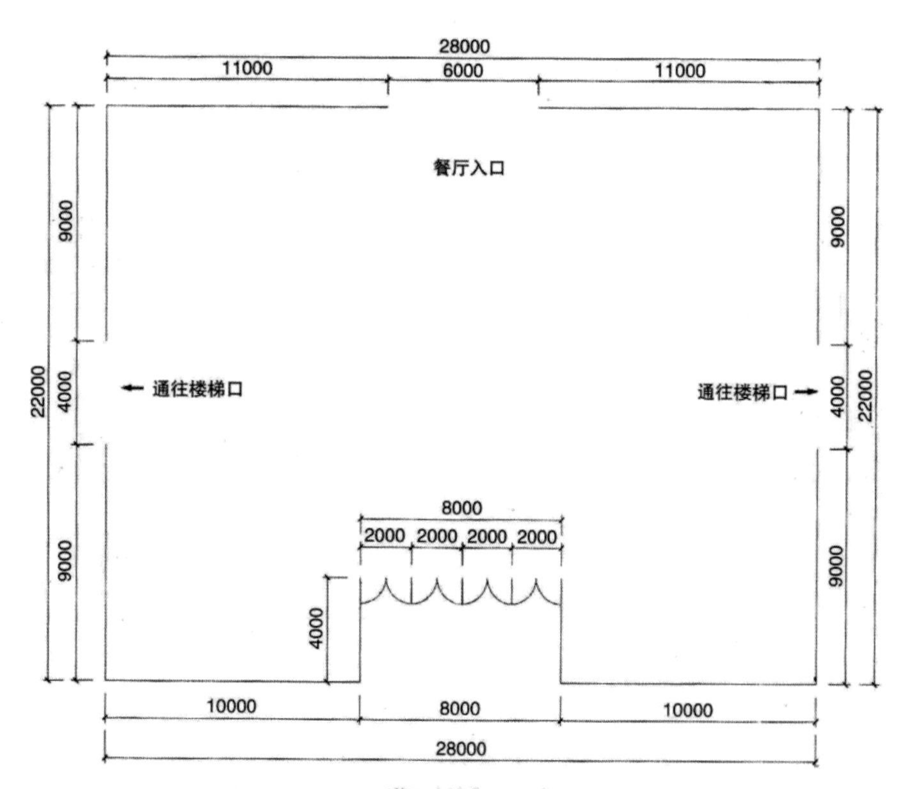

附图（单位：mm）

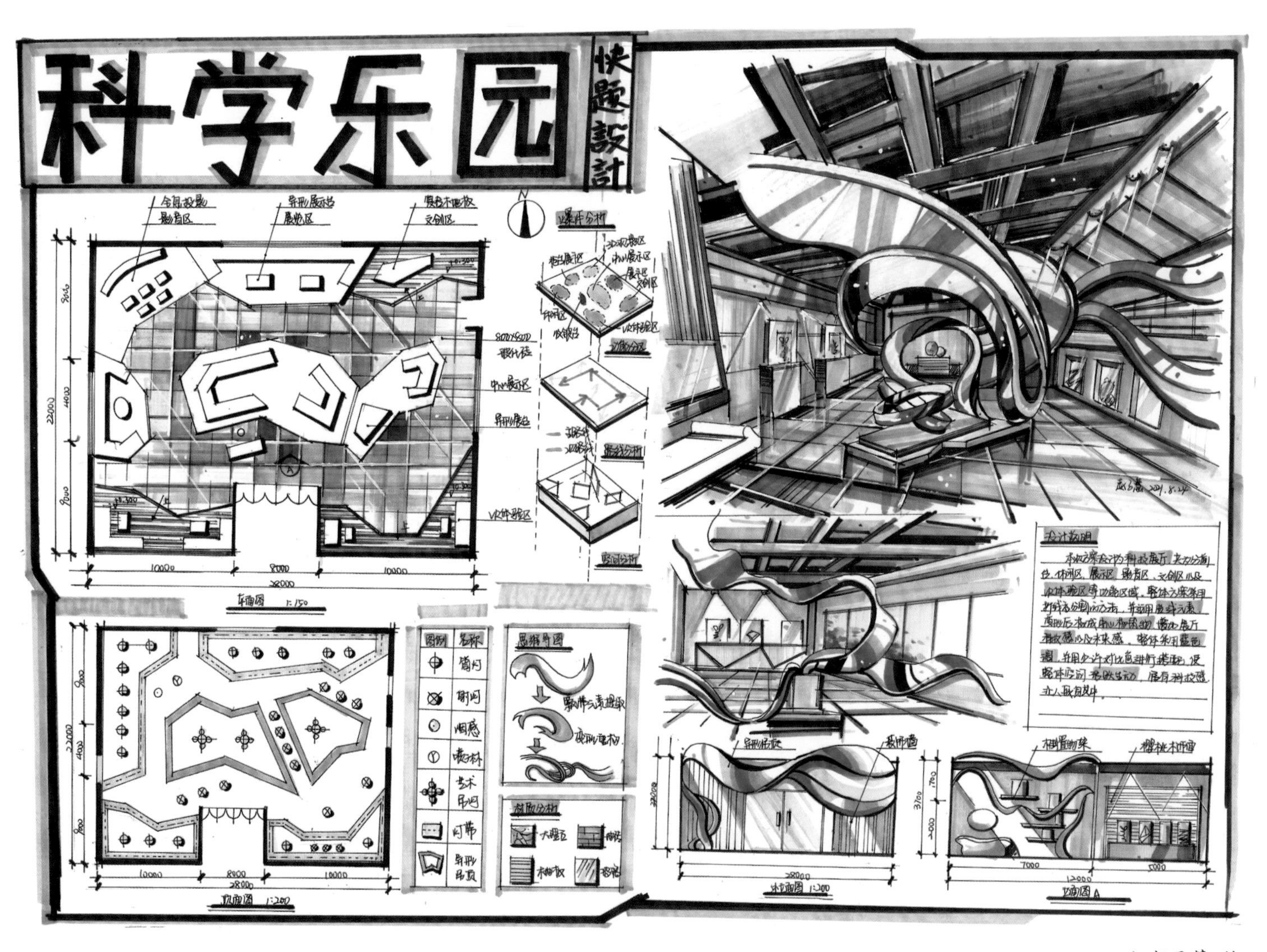

◆ 赵子慧 绘

名师点评

此方案空间分割生动、合理，设计思路清晰，整体颜色清爽、大气，科技感十足。展厅空间空旷，缺少一些疏密变化。效果图空间感十足，对马克笔的使用也较为熟练，整体画面排版分割也进行了深化设计。

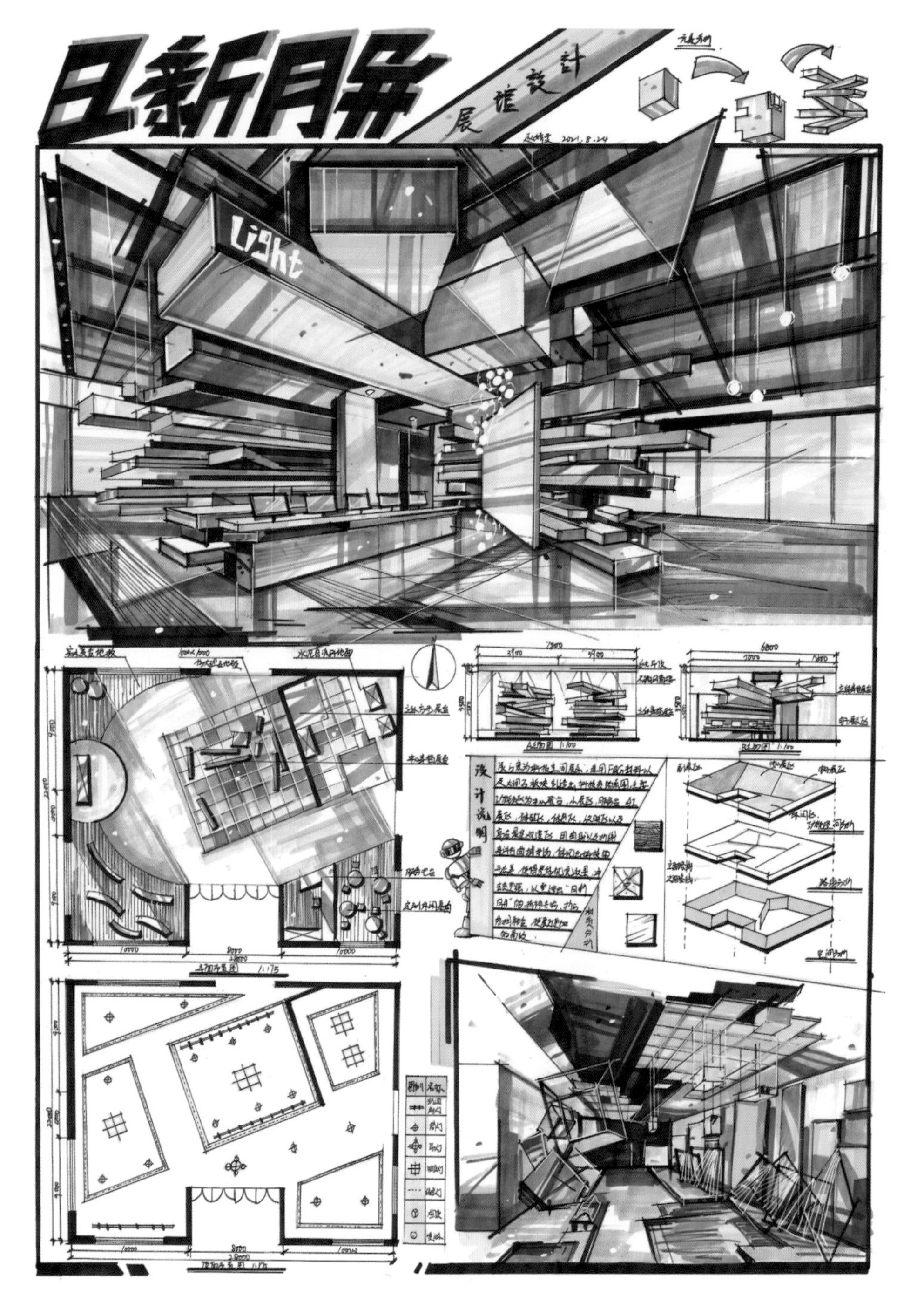

◆ 赵靖雯 绘

名师点评

高低错层的设计形式使得空间更加丰富，边界用展示的方式紧扣主题。美中不足的是交通空间稍大，空间缺乏让人停留的意识。如果能将停留空间与交通空间完美结合，那么整体方案的表现效果将有所提高。三维空间设计感强，造型突出，图面完整，布局合理，立面表达有一定的深度，效果较好。

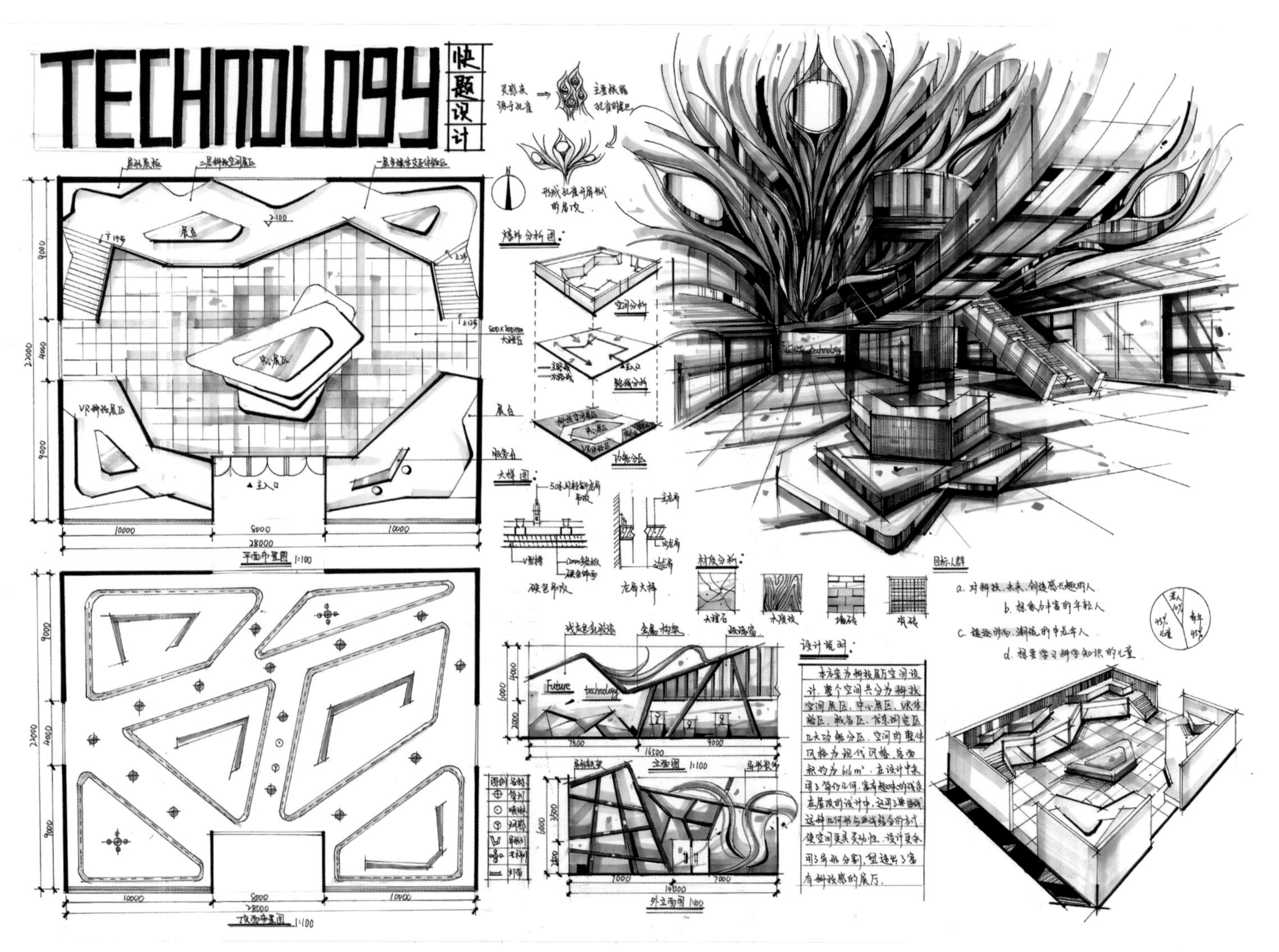

◆ 代东珊 绘

名师点评

整体效果冲击力强，设计构思新颖独特，用色大胆，构图张力强。平面分割形式特别，进行了高差设计，增加了空间多样性。立面设计形式变化多样。效果图表现用色大胆，色调统一，空间感强。马克笔技法娴熟。设计思路由孔雀进行演变，想法独特，是不错的快题设计。

10.2.5 庭院空间设计

题目 1：艺术家工作室建筑及庭院景观环境设计。

设计要求：

（1） 设计方案要求对所给地块进行整体规划，设计内容由艺术家工作室建筑和庭院景观两部分组成，在所给范围内以 A、B 两个地块为建筑设计的基地，设计两栋单体建筑，并采用连接平台或者连廊的形式将两栋建筑巧妙地连接在一起。建筑限高为 7 米，建筑及连廊总面积为 120~180 平方米。

（2）对建筑的室内结构、空间划分、功能布局等进行深化设计，对建筑的外立面进行概念设计，同时对地块内除建筑外的面积进行底院景观设计，要充分考虑出入口、围墙、绿化、景观构筑物等设计要素。

（3） 设计方案表现内容：在试卷上绘制比例为 1 ： 100 的该地块的建筑及景观的首层整体平面图（室内功能应包括创作工作室、展厅、休息室、洽谈室、卫生间等），同时画出建筑整体的立面图（标注比例、尺寸等），画出该地块建筑及景观的整体设计鸟瞰透视手绘效果图一张（要求体现建筑外观设计），针对设计理念写出设计说明 100 字左右。

（4）设计方案应注重创意理念及使用人群的需求，要针对整体空间的功能细节进行全面构思。

（5）根据所给地块平面图（单位 mm）进行规划设计，平面图采用手绘彩色表现的形式绘制，绘图比例为 1 ： 100。鸟瞰透视效果图、建筑整体剖立面图采用彩色手绘进行表达，表现工具不限，比例自定，试卷图纸为 A2 绘图纸。

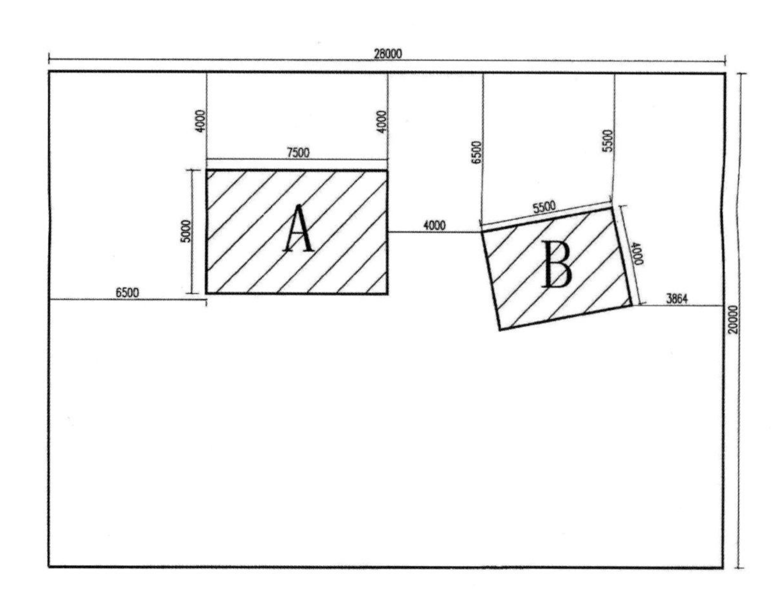

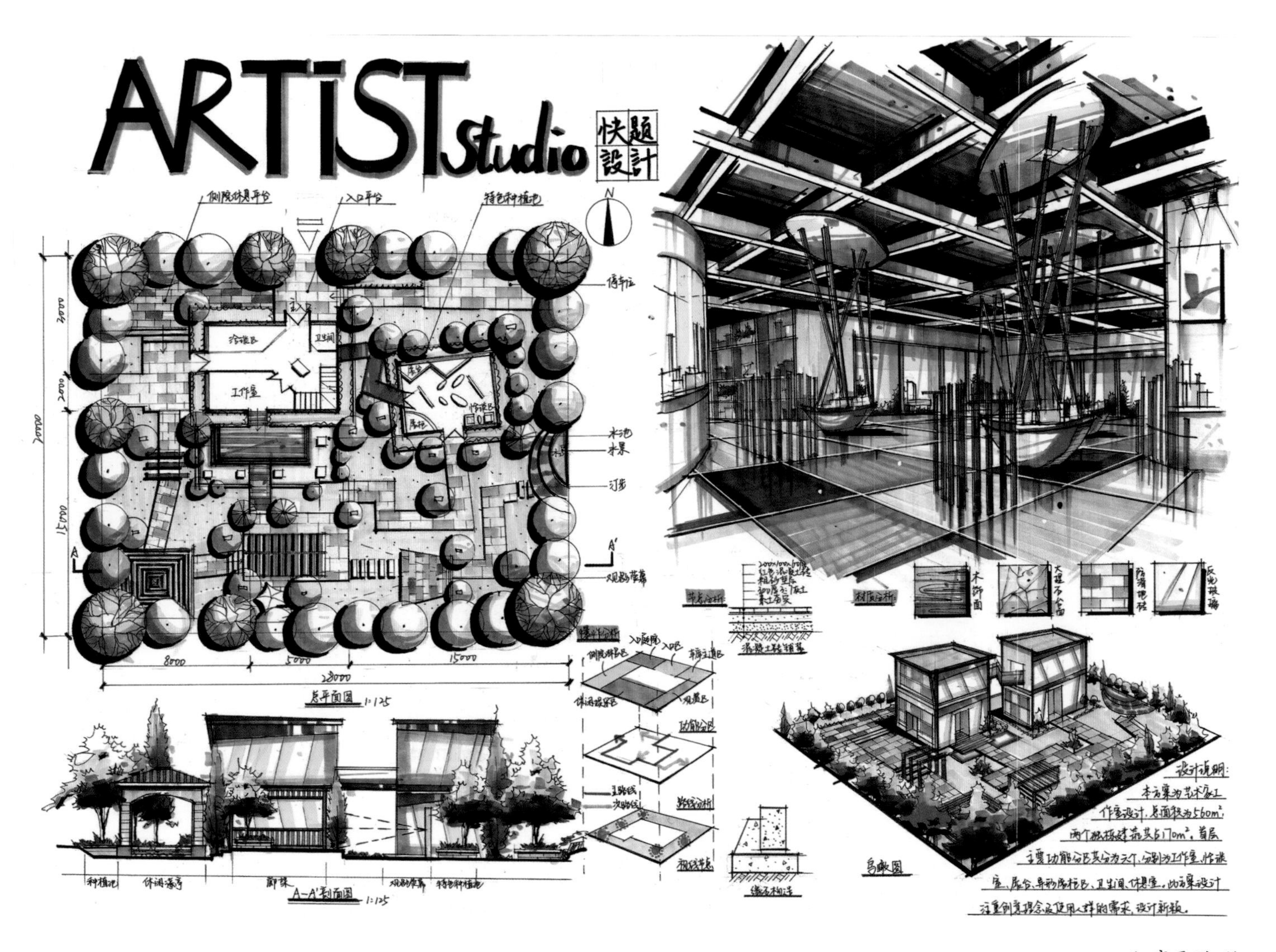

◆ 高雪聪 绘

名师点评

艺术家工作室设计平面图表现感强，方案合理，庭院交通流线合理、通达。景观设计较有趣味性。建筑立面设计能体现艺术家工作室的独特风格，采用大面积玻璃材质，使得空间通透，光影感十足。效果图颜色使用高级，色彩大胆且厚重，能体现一定的艺术功底。

题目 2：独栋民宿庭院整体设计。

设计要求：

（1）设计场地长 20 米宽 20 米，建筑面积不超过 150 平方米，建筑高度不超过 10 米。建筑立面适当运用木质材料，朝向自定，体现民宿建筑及环境的使用功能，庭院景观部分要有供人们洽谈的休闲空间。

（2）设计比例为 1 ∶ 100，彩色平面布局图一张，建筑首层图一张，建筑主立面图一张，建筑及景观效果图一张。

（3）设计说明 150 字。

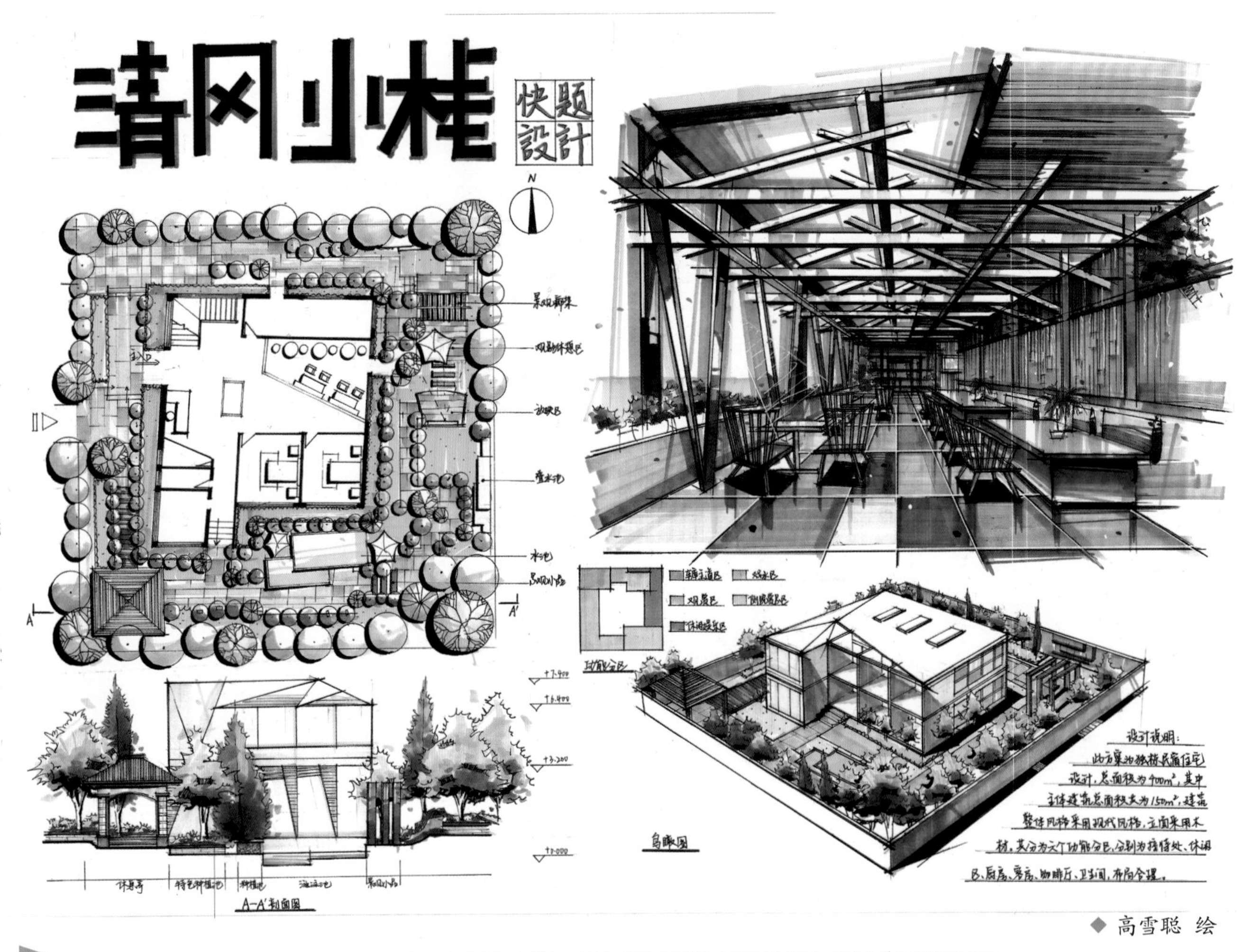

◆ 高雪聪 绘

名师点评

平面表现风格清新自然，庭院景观设计趣味性与实用性兼具，流线完整。立面设计进行了高差处理，设计感强。效果图表现张力较强，用色大胆，马克笔使用较为娴熟。鸟瞰图清晰利落，做了适当的建筑外观设计。图面完整美观，是不错的民宿快题设计。

10.2.6 办公空间设计

题目：某空间办公空间室内设计。

设计条件：

（1）办公空间平面图（见附图）。

（2）办公空间面积约250平方米，钢筋混凝土模板结构，室内板下净高3.6米，梁下净高3米。

（3）设计公司（广告、建筑、环艺，自选）人员16名（其中经理1名，秘书1名，财务2名，工作人员12名）。根据专业性质，自定设计任务书。

设计要求：

（1）按1 ：100比例画出总平面图及天花图各一张。

（2）按1 ：30比例画出立面图两张。

（3）相应空间透视效果图两张（表现工具不限）。

（4）节点大样2~3个（比例自定，与表现部位适合）。

（5）写出不少于300字的设计说明（注：以上内容画在1号图纸上，且布局合理，画面整洁）。

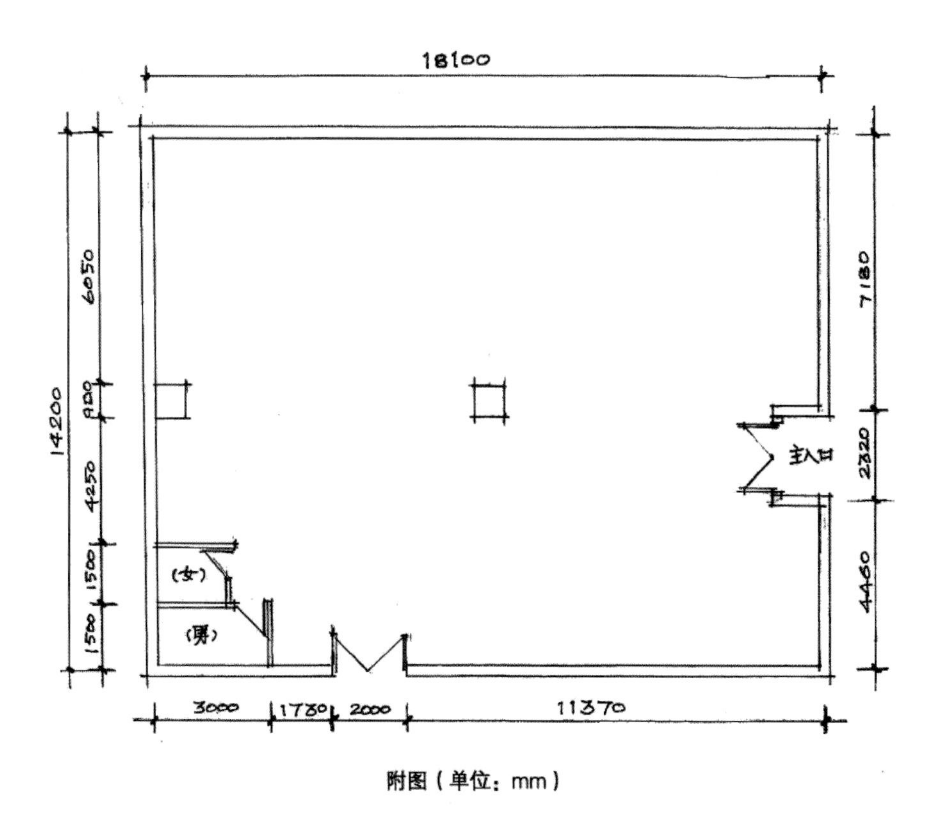

附图（单位：mm）

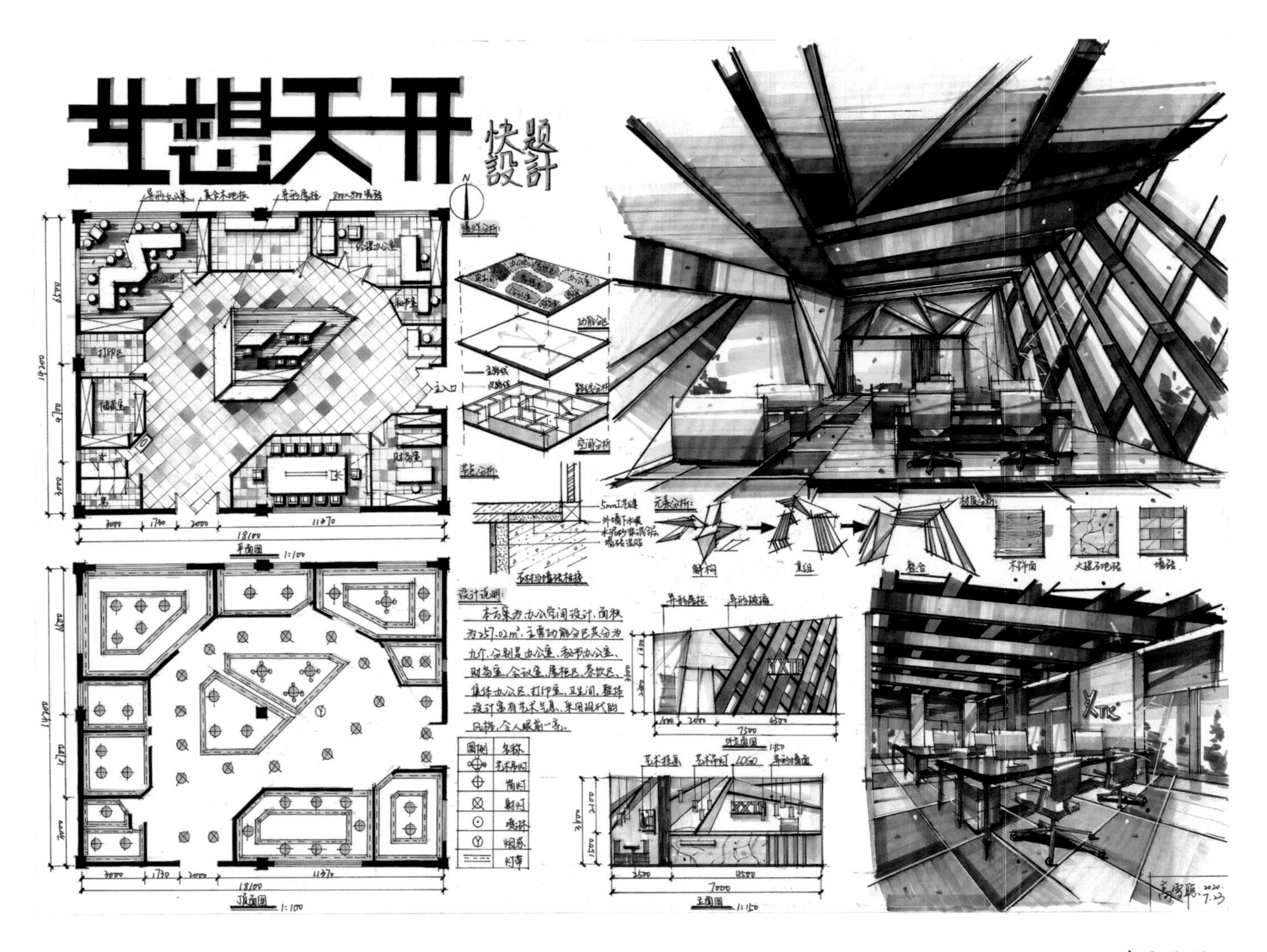

◆ 高雪聪 绘

名师点评

办公空间快题设计，采用解构思路进行设计，注重空间分割重组，空间分割干净利落，功能合理，尺度适宜。从整体表现技法上来看，马克笔使用较为拘谨，过于板正，可适当放松，用笔轻松灵活一些。效果图张力不够，视点可高一些，增强透视感。

◆ 裴雯 绘

名师点评

图面效果表现力非常不错。用色大胆，马克笔技法娴熟。效果图刻画到位，颜色搭配和谐，色调统一，疏密适度。平面图表现光影感较强，立面设计中规中矩，清新淡雅，符合办公空间的人群、环境定位。

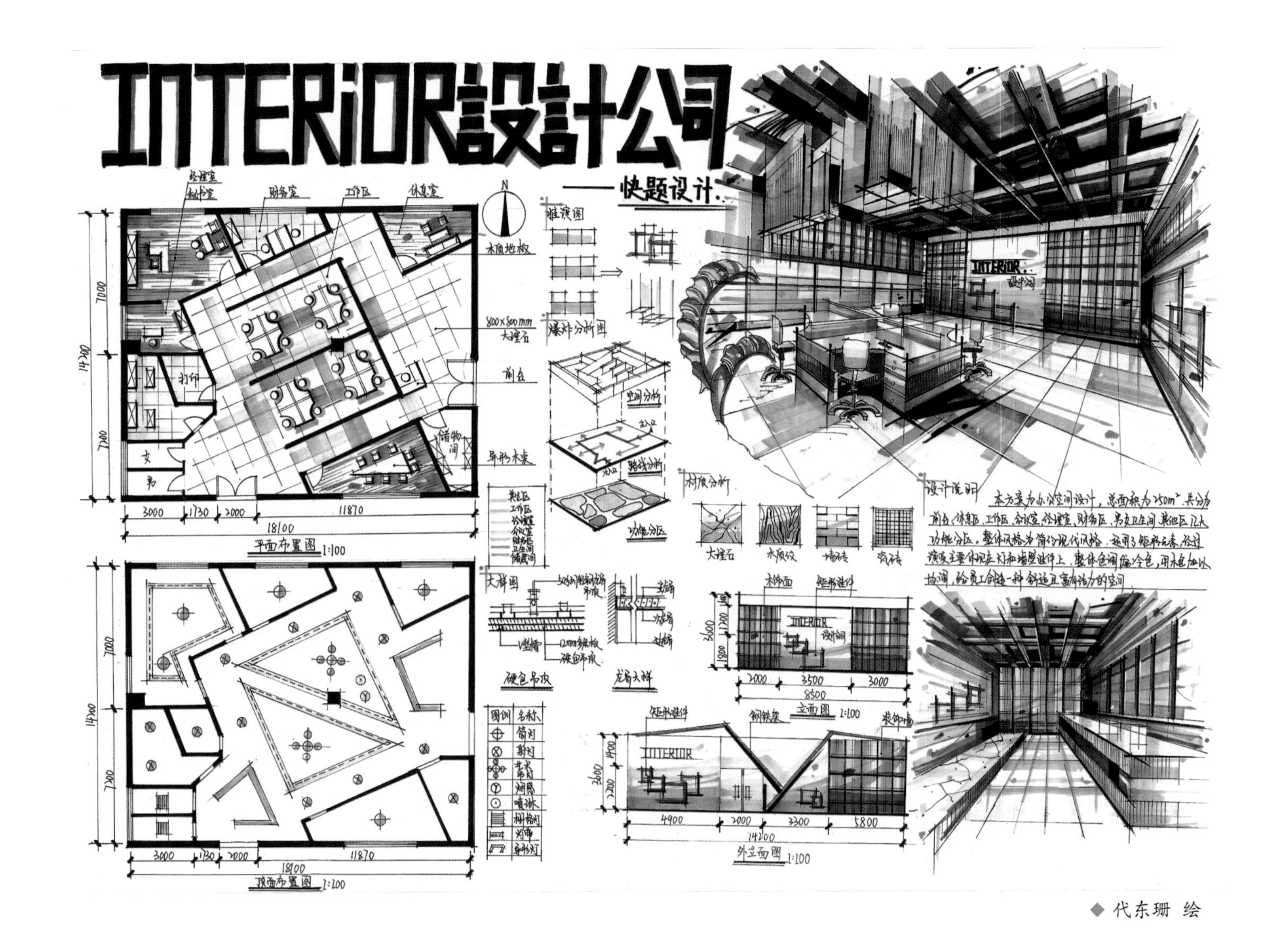

◆ 代东珊 绘

名师点评

设计公司快题设计，平面尺度感较为不错，空间分割合理，功能完整，立面图有一定的设计感，从效果图可以看出马克笔表现技法和颜色的运用掌握得不错，表现张力突出。马克笔笔触有些细碎，地面的表现不够统一。整体方案完整，构图饱满。

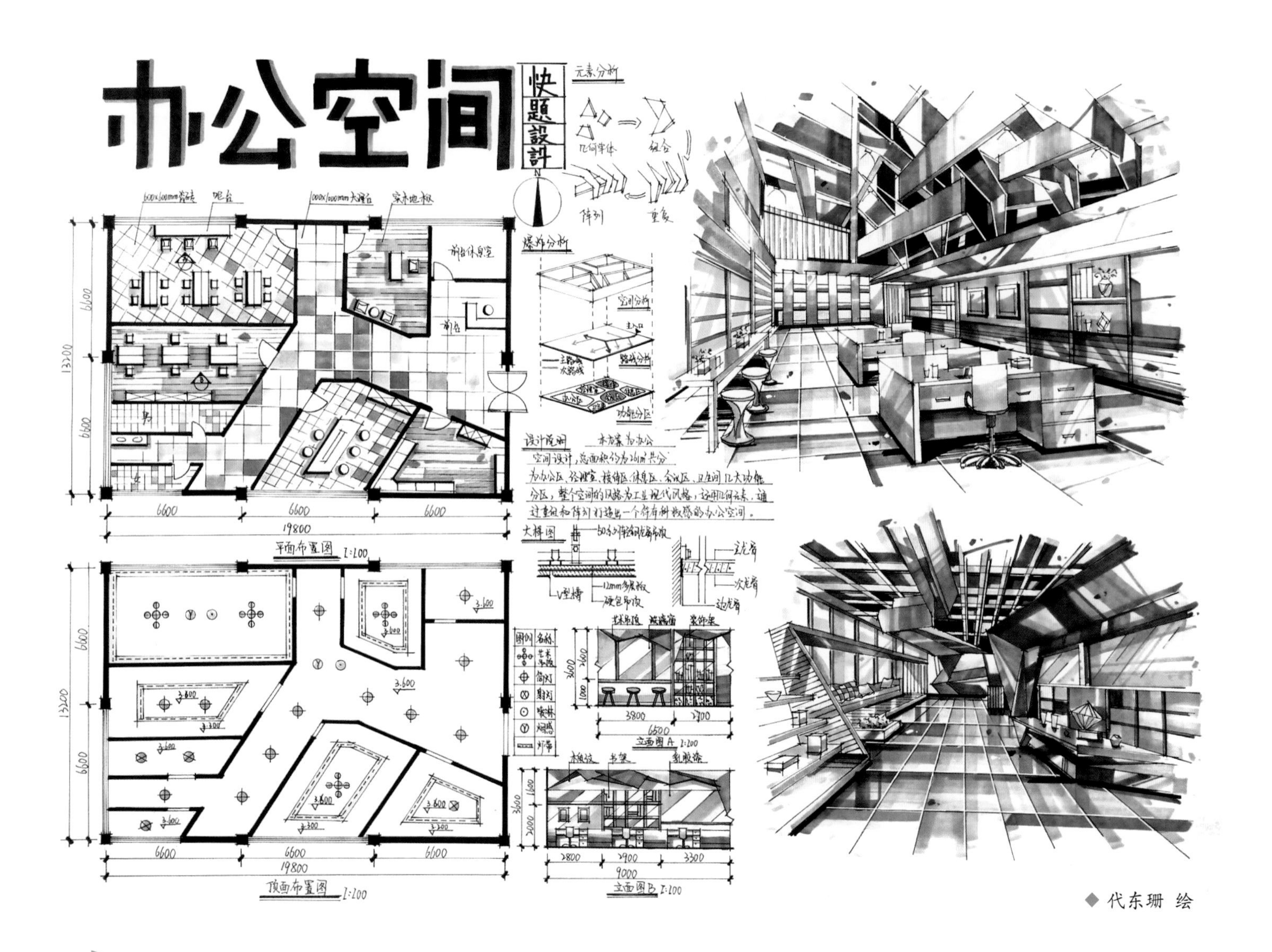

◆ 代东珊 绘

名师点评

平面采用较为规整的矩形交错布置，空间简洁大方，色调冷暗，对比强烈，视觉冲击感强。效果图角度的选择考虑了空间感，马克笔使用熟练。整体效果不错。立面表达有细节处理，增加了构造节点。

10.2.7 卖场空间设计

题目：请为某购物中心的一家品牌服饰专营店进行室内空间设计。

尺寸：长 15 米、宽 8 米、高 3.3 米。在 15 米南面墙设置门和窗，尺寸自定。

设计要求：

（1）自定品牌名称，同时设定相应主题的立面形象。

（2）按照国家制图规范，自选适当结构的建筑方式，以合适的比例画出平面图和主要方向的剖面图。

（3）选择体现品牌主题的立面，画出墙体外立面，画出三维空间表现的透视图，简单着色。

（4）绘图工具与技法不限。

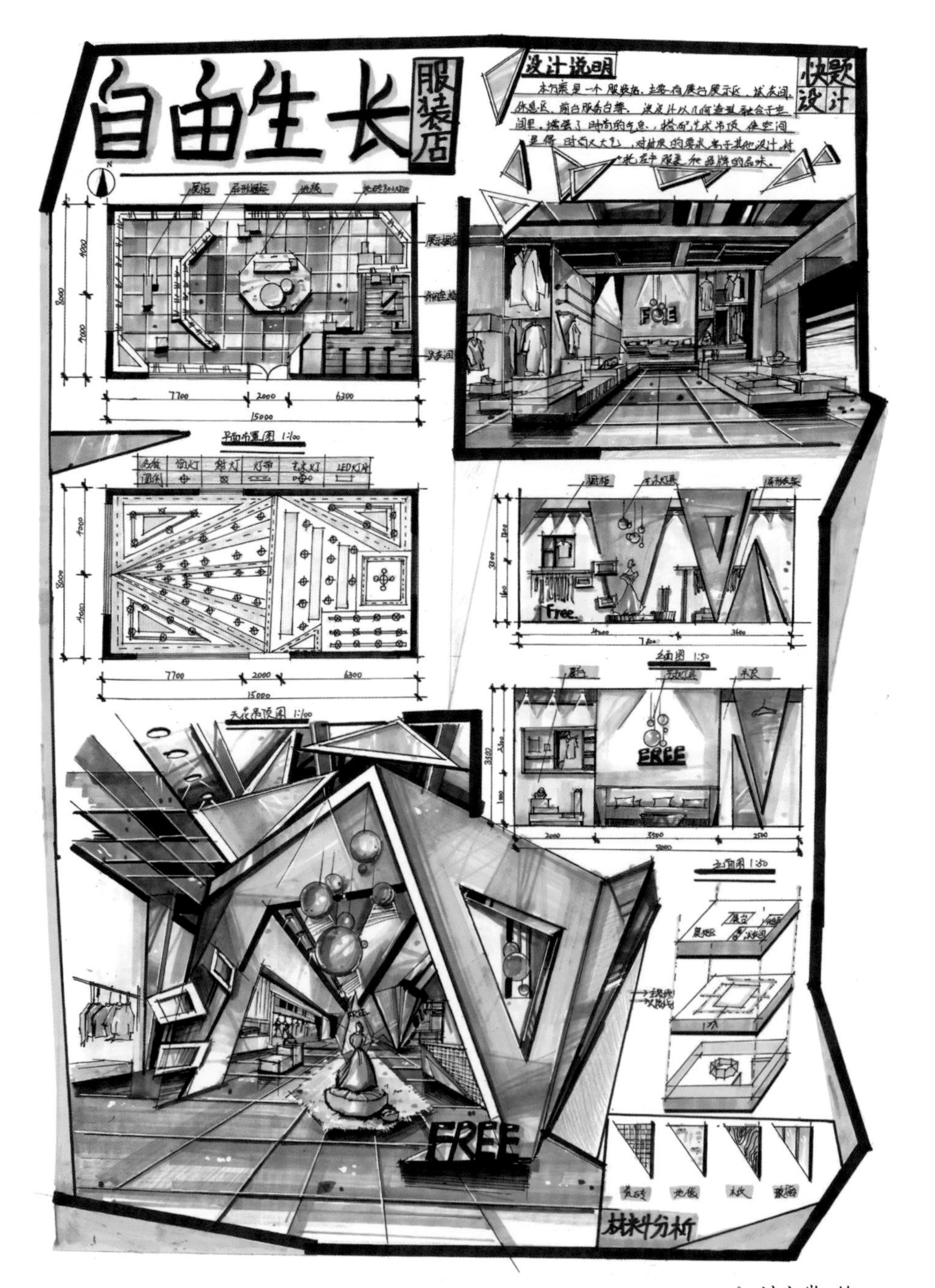

◆ 刘亦岚 绘

名师点评

整体版式颜色清爽，基调色淡雅舒适，符合高端卖场的定位。平面图布置尺度合理。空间划分形式美观，布局体量感合适。效果图视觉感舒适，顶面设计层次丰富，风格优雅。立面图细节有所体现。整体美中不足的是标题略显草率，需加强字体练习。

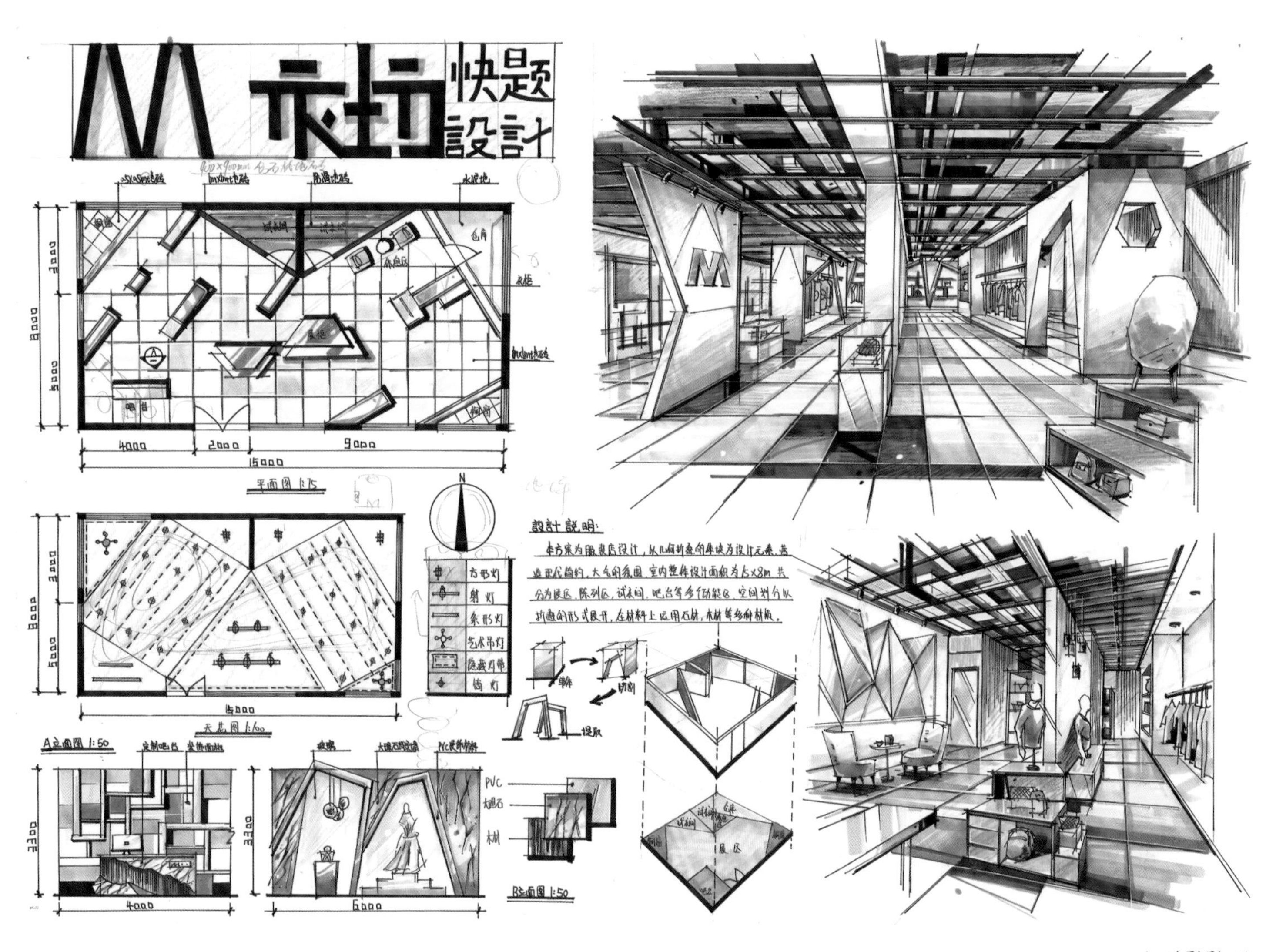

◆ 刘影影 绘

名师点评

方案设计新颖，思路大胆清晰，层次多样。效果图视觉冲击力强，能很好地体现方案的特点，刻画到位，色调统一舒适。版式有一定的设计感，立面图能体现细节处理。吊顶采用使空间更加通透的玻璃材质，更显高级，与定制主题相呼应。

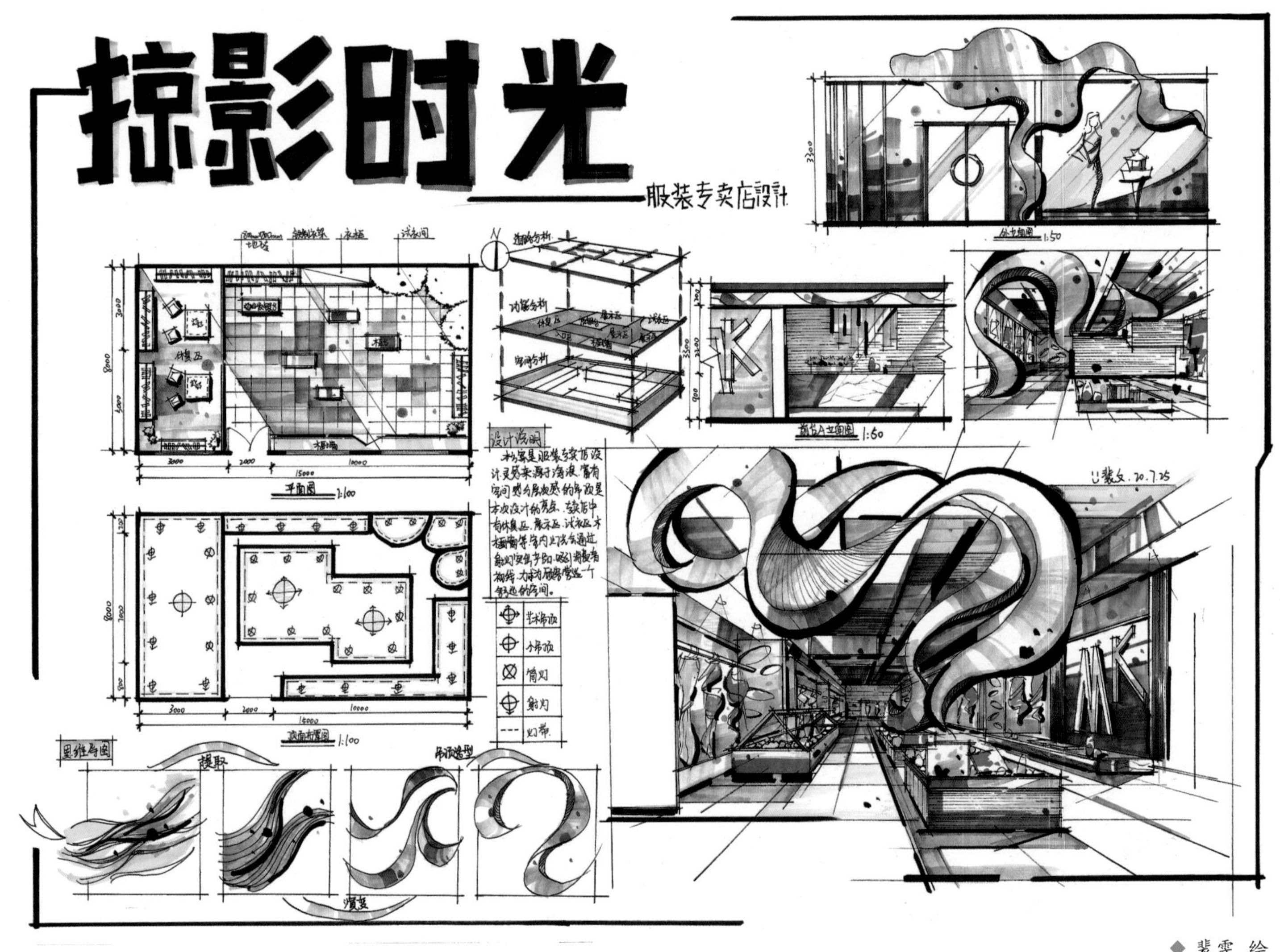

◆ 裴雯 绘

名师点评

服装店快题设计，平面分割规矩，功能设施齐全，光影表现感强。设计思路新颖、大胆，用色明亮，吸引力强。效果图表现张力强，有一定韵律，创意感十足。立面图呼应主题设计，用抽象的手法转译概括，是不错的快题设计作品。

11

优秀快题赏析与临摹

Day 20

临摹练习是所有考研学生的必经之路，临摹是学习快题设计的一种方法和手段。通过临摹优秀的快题作品，从中可以学到很多优秀的经验。同时通过“照葫芦画瓢”，可以快速地掌握快题的绘画规律。

临摹优秀的快题作品时，不是简单地“复制”，而是应该带有目的性地去学习。每一张快题都不是十全十美的，我们应该取其精华去其糟粕，采用正确的元素，同时摒弃错误的元素，注重手脑并用，提高学习效率。本章节展示了众多优秀快题设计方案，可以从中选择 1~2 张作品进行临摹。

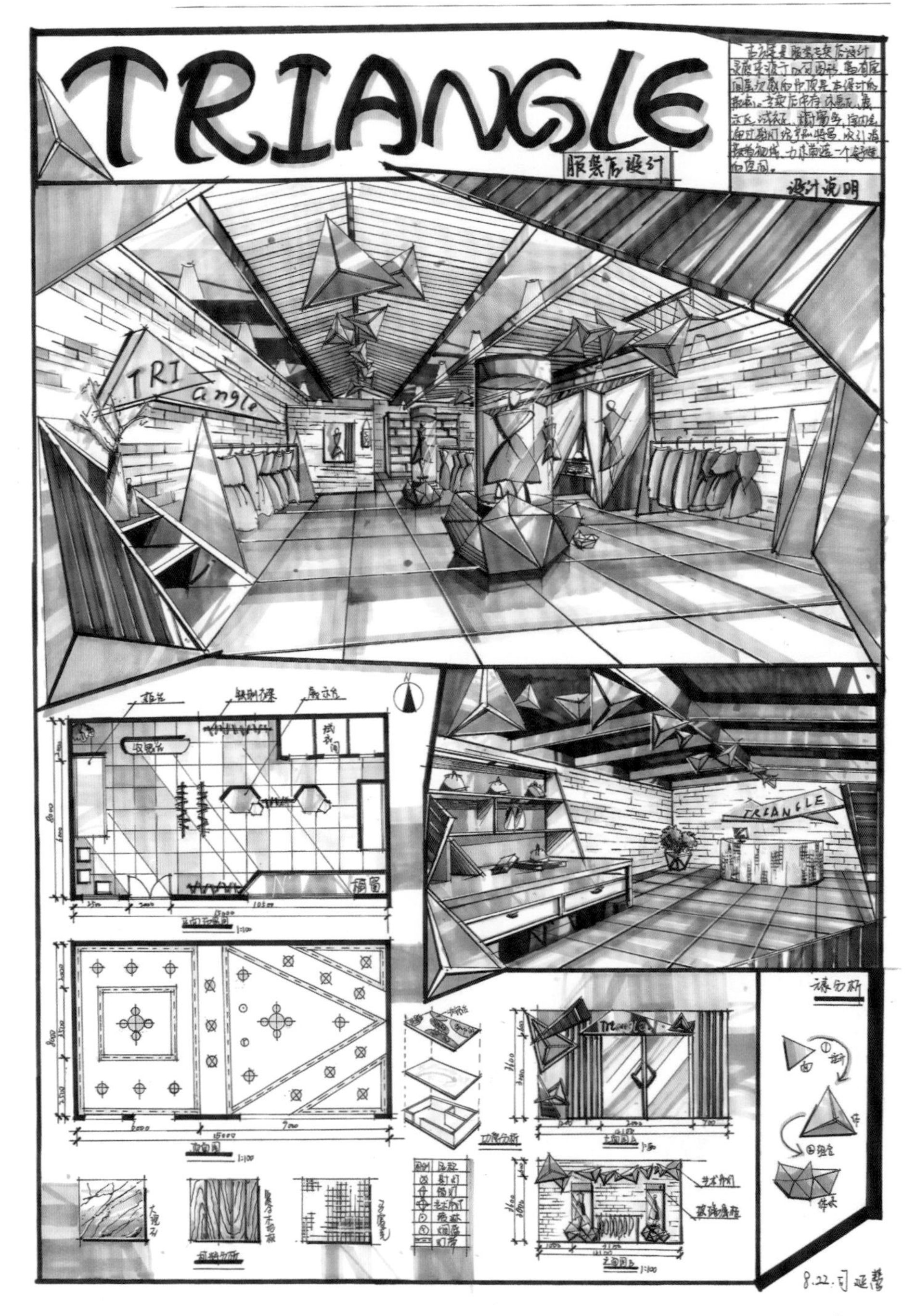

◆ 司延慧 绘

名师点评

空间划分形式有新意，功能分区较好。效果图场景表现丰富，采用明亮的颜色，视觉冲击力强。排版中规中矩，立面图表现还需提高，标题字体不够美观，缺少设计感。

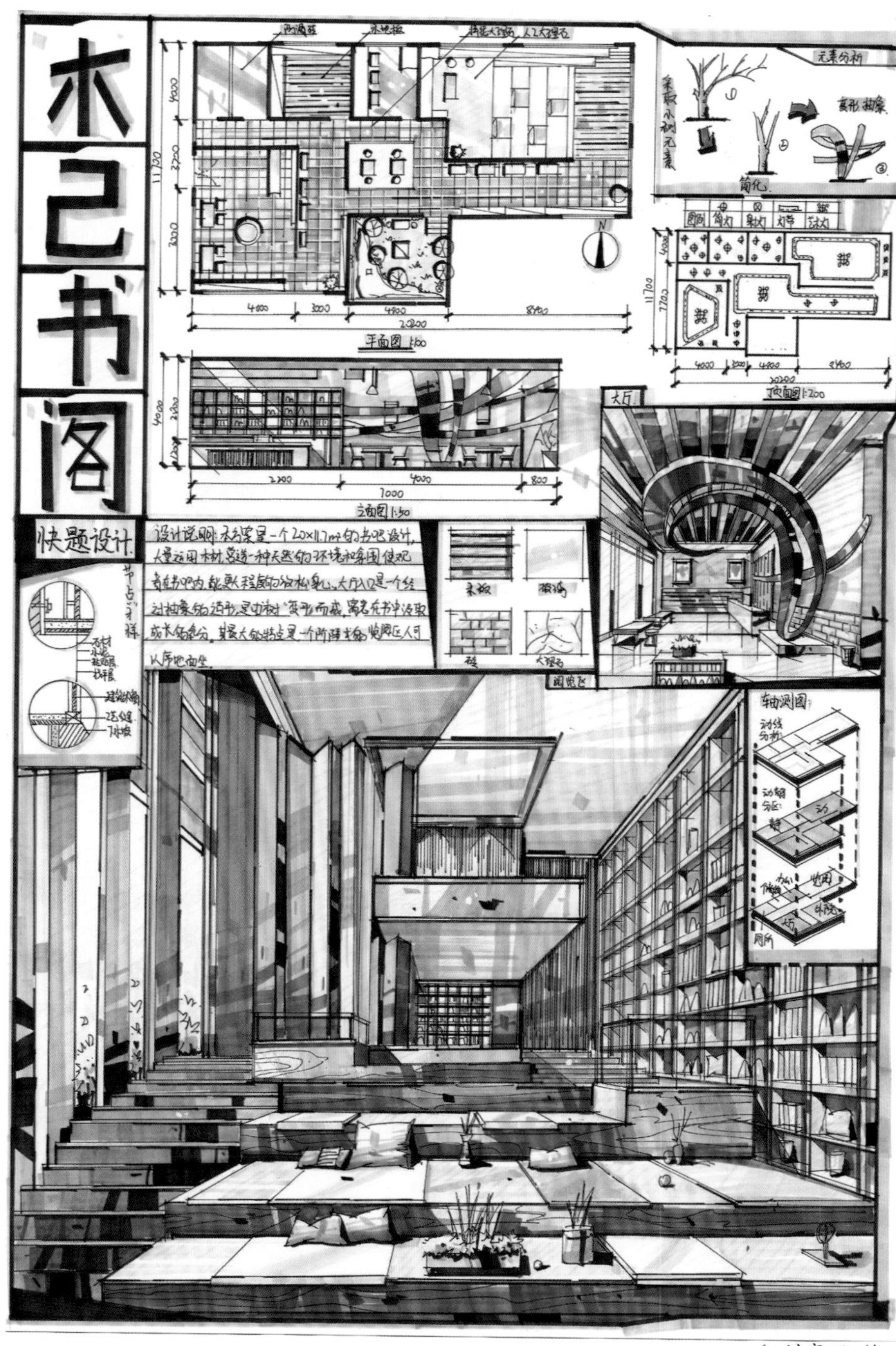

◆ 刘家旺 绘

名师点评

空间平面布局简洁明了，没有过多复杂的形式感，是不错的设计手法。桌椅组合采用多种形式，增加了空间的趣味感。立面设计的细节特色有所体现。效果图张力感强，有些许透视问题，马克笔技法表现能力需提高，现阶段略显粗糙。

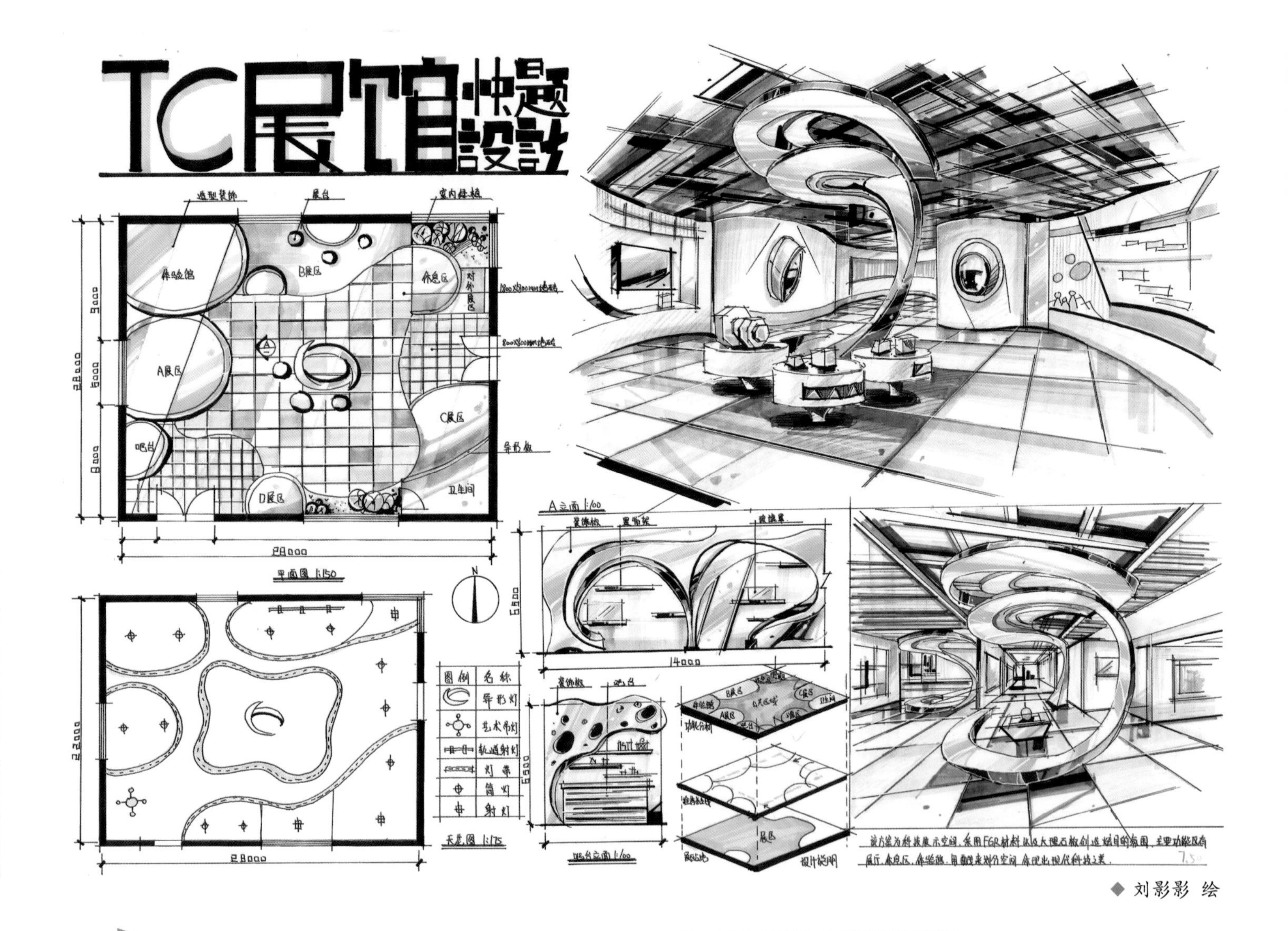

◆ 刘影影 绘

名师点评

空间平面布局较为宽敞。立面图表现效果细节丰富，与主题相呼应。思路推演图构思新颖，与主题相印衬。效果图张力感强，透视感强，马克笔使用技法娴熟，表现效果好。设计说明略显粗糙。

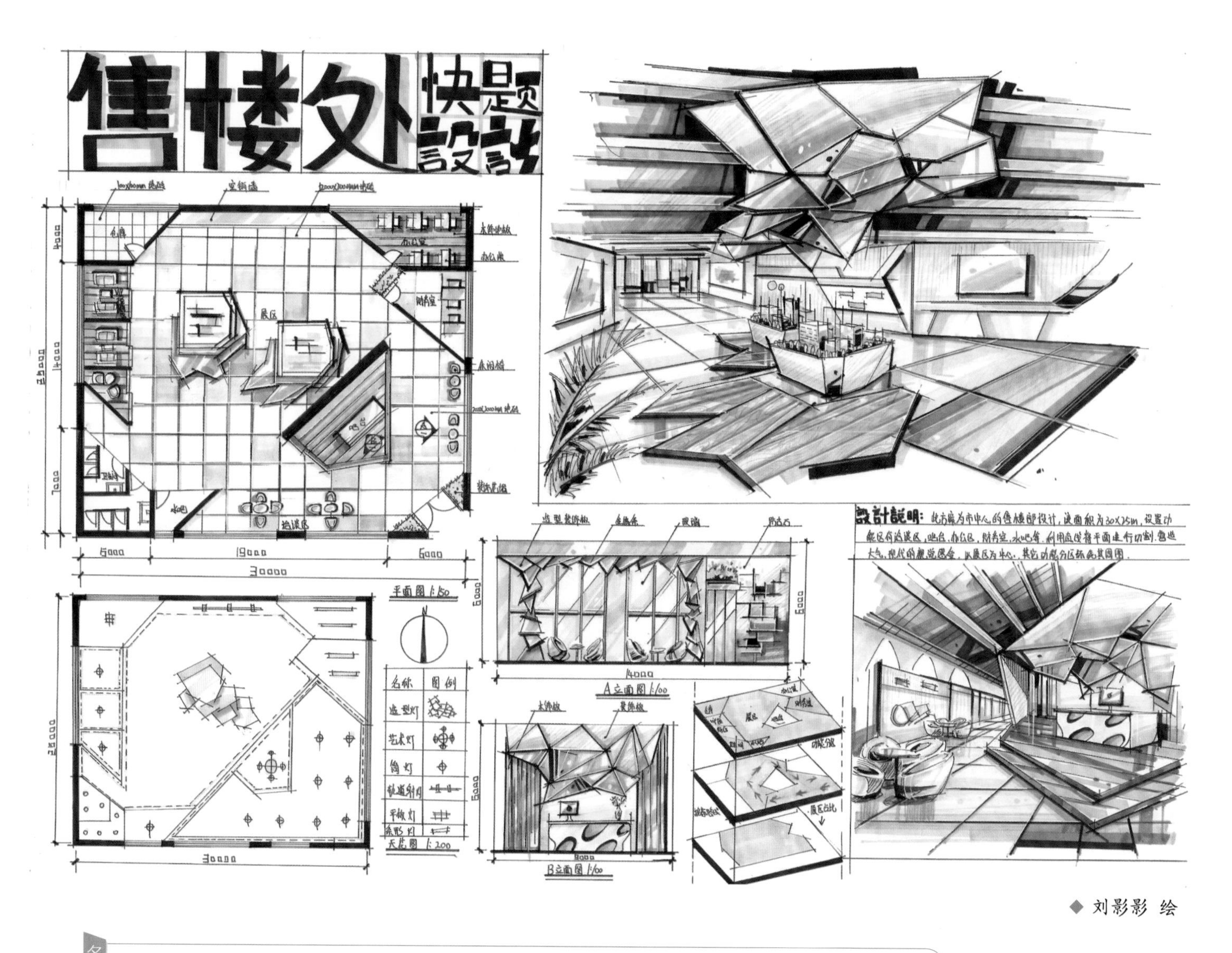

◆ 刘影影 绘

名师点评

空间平面布局宽敞。空间分割以矩形为依托，设计思路明确，路线规划合理，分区一目了然。现代简约风格，以暖色基调为主。效果图的空间感很有张力，标题设计与主题相呼应。立面表达需更加细化。

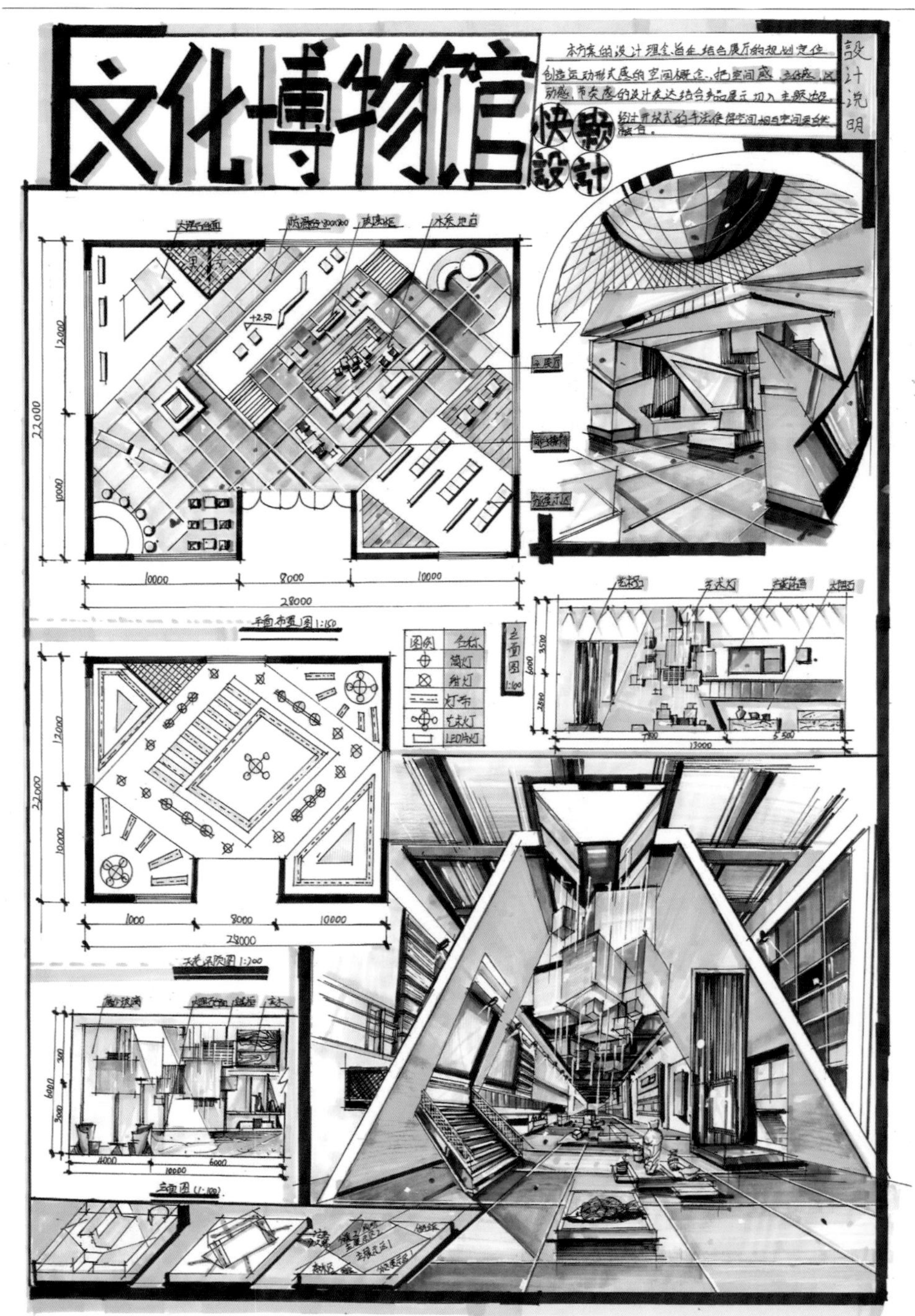

◆ 刘亦岚 绘

名师点评

图面整体排版美观大方，内容信息丰富，视觉冲击力强，基本能把握整体的空间氛围。方案整体入口“开门见山”，具有较强的空间体验感。效果图冲击感较强，颜色清新。

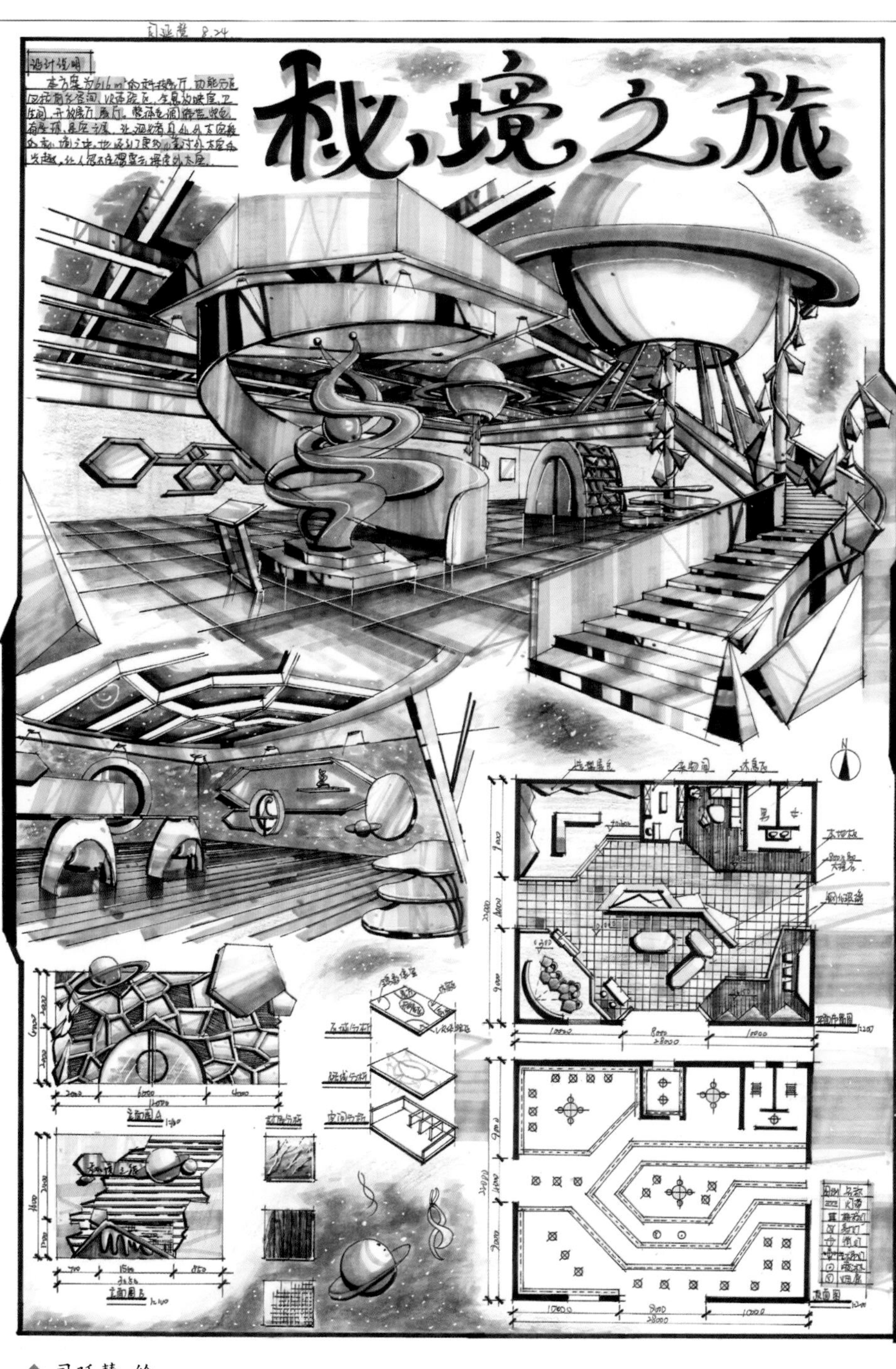

◆ 司延慧 绘

名师点评

此方案采用曲线与折线相结合的设计手法来表现科技馆，营造了很强的形式感。各空间之间既有所区分又有所联系，空间安排合理。效果图冲击力较强，马克笔技法运用娴熟，给人眼前一亮的感觉，立面效果丰富，设计构思源自太空，新颖且美观。

◆ 王澜岚 绘

名师点评

此方案非常有设计感，空间分割简洁且尺度合理。采用明亮的线性颜色作为点缀，能够呼应工作室的主题。效果图空间感很强，颜色大胆且吸引眼球，立面图和效果图还需要再深入刻画。

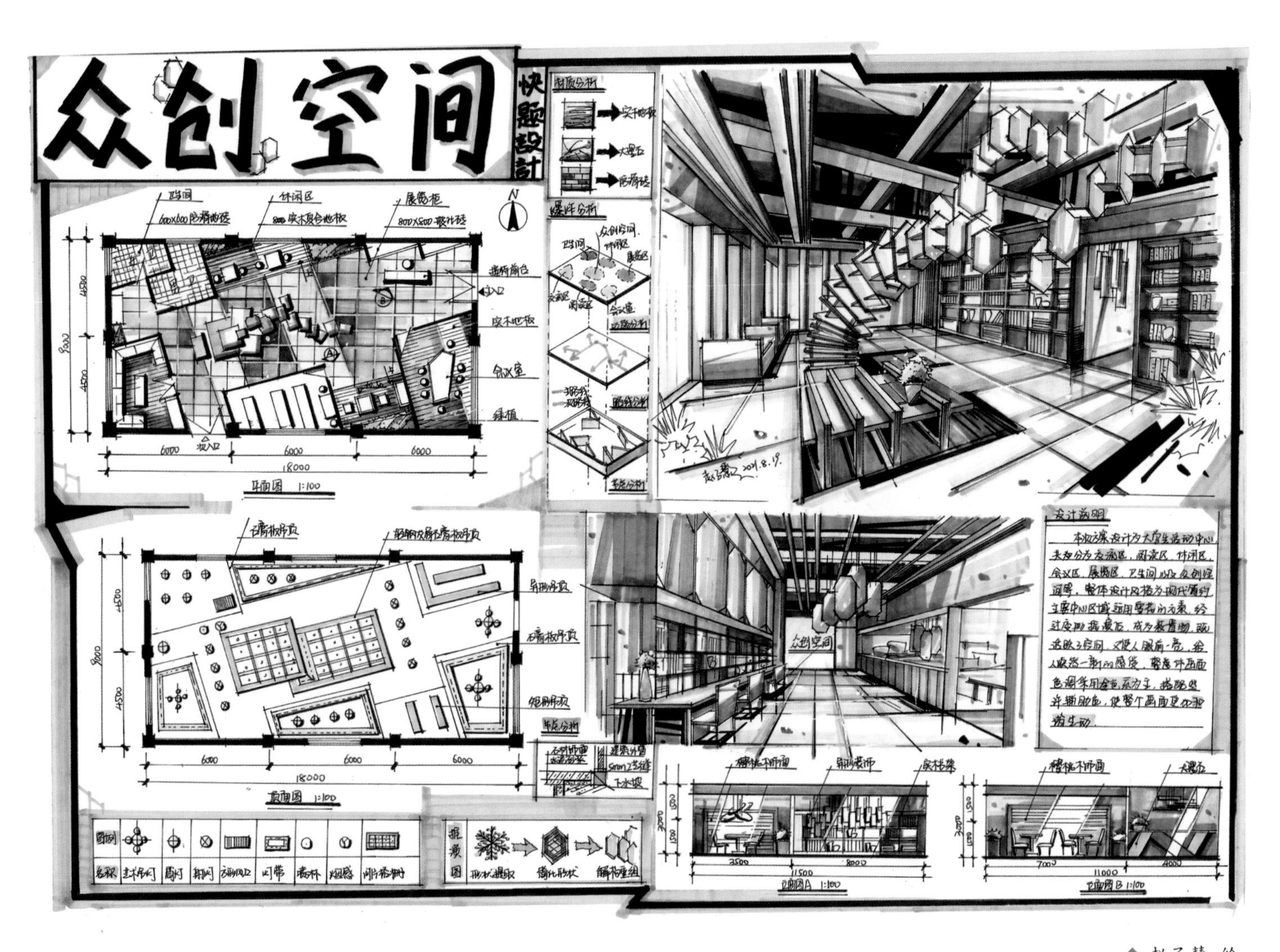

◆ 赵子慧 绘

名师点评

整体视觉效果好，版式整洁，空间内组团明显，功能分区合理。效果图视觉感大气，能反映主要空间，色彩对比强烈，冲击力强，设计说明很好地阐释了设计概念。

致 谢

本书至此终告结束，掩卷思量，自身对本书发行的期许与拳拳谢意也尽在不言中。本书对手绘在设计中的重要性及如何在最短的时间内掌握手绘快速表现能力尽力做出了诠释与指导。希望本书能给想要学习手绘的同学带来帮助。在本书编排过程中，编者深刻地感觉到“学海无涯”“学无止境”，亦将在不断的学习中不忘初心、砥砺前行。对于本书中的不完善之处，欢迎广大读者提出宝贵意见。

本书能够付梓，特别感谢向本书提供手绘作品的成员，最后要感谢华中科技大学出版社对本书在文字审校、文稿润色、出版安排等方面提供的建议与帮助。

编者